Chemisch-botanischer Leitfaden für Zollbeamte.

Von

Dr. O. Achert und **Dr. E. Bischkopff.**

Mit 123 Textfiguren.

Berlin.
Verlag von Julius Springer.
1906.

Alle Rechte, insbesondere das der
Übersetzung in fremde Sprachen, vorbehalten.

ISBN-13: 978-3-642-89273-8   e-ISBN-13: 978-3-642-91129-3
DOI: 10.1007/978-3-642-91129-3

Softcover reprint of the hardcover 1st edition 1906

Vorwort.

Nach den Bestimmungen des neuen Zolltarifs vom 25. Dezember 1902 ist eine ganze Reihe von Untersuchungsmethoden auf chemischem und botanischem Gebiete für jene Stoffe ausgearbeitet worden, welche bei der Einfuhr die deutsche Zollgrenze überschreiten. Diese Untersuchungen, welche zum Teil sehr einfach, zum Teil aber auch etwas umständlicher sind, fallen in erster Linie in das Arbeitsgebiet der diese Waren abfertigenden Zollbeamten. Begreiflicherweise stellen sich hierbei eine Menge praktischer Schwierigkeiten demjenigen entgegen, welcher sich nie eingehender mit Chemie und Botanik befaßt hat.

Das vorliegende Werk verdankt seine Entstehung den Erfahrungen, welche wir beim Unterricht und der praktischen Unterweisung in Chemie und Botanik an Zollbeamte gesammelt haben. Es soll in erster Linie nicht ein wissenschaftliches Werk sein, sondern vor allen Dingen dem Zollbeamten, welcher die genannten Untersuchungen auszuführen hat, eine rasche Übersicht über seine chemischbotanische Tätigkeit bieten und ihn in die Lage versetzen, den an ihn herantretenden Aufgaben ohne große Schwierigkeiten gerecht zu werden.

Colmar, August 1906.

Dr. O. Achert.   Dr. E. Bischkopff.

Inhaltsverzeichnis.

Chemischer Teil.

Seite
- I. Einleitung 3
- II. Allgemeines. 4
  - Lösen 4
  - Aufschliefsen 5
  - Fällen 6
  - Dekantieren 6
  - Auswaschen 7
  - Filtrieren 7
  - Glühen. 9
  - Abdampfen 9
  - Schlämmen 10
  - Destillieren. 10
  - Kristallisieren 13
  - Sublimieren 14
  - Schmelzpunktbestimmen 14
  - Trennen und Ausschütteln von Flüssigkeiten im Scheidetrichter 16
  - Aussalzen 17
  - Entfärben 17
- III. Gegenstände und Apparate, welche für die einfacheren chemischen Arbeiten gebraucht werden, und deren Handhabung 19
- IV. Mafs- oder Titrieranalyse 33
  - Wesen der quantitativen Analyse 33
  - Pipetten 34
  - Büretten 36
  - Mefsgefäfse 38
  - Normallösungen 39
  - Herstellung von Normalkalilauge 41
  - Indikatoren 42
  - Ausführung einer Titration 43

Inhaltsverzeichnis.

	Seite
V. Spezielles	46

Bestimmung des spezifischen Gewichtes von Flüssigkeiten:
mit dem Aräometer 46. — mit der Westphalschen
Wage 49. — mit dem Pyknometer 51.
Das Refraktometer 52
Die Polarisation 53
Bestimmung des Erstarrungspunktes von Fetten 56
Nachweis von Stärke in Faßstalg 58
Bestimmung des Traubenzuckers durch Titration mit
Fehlingscher Lösung 58
Die Inversion 60
Nachweis von Zucker in Schmiermitteln, Fettgemischen,
Kitten usw. 61
Nachweis von Fett in Schmiermitteln usw. 61
Arabisches Gummi und Dextrin 62

VI. Qualitative Analyse 63
   I. Gruppe: Blei, Silber, Quecksilber 65
   II. „   Quecksilber, Blei, Wismut, Kupfer, Kadmium, Arsen, Antimon, Zinn 66
   III. „   Eisen, Chrom, Aluminium, Mangan 68
   IV. „   Zink, Mangan, Kobalt, Nickel 69
   V. „   Calcium, Baryum, Strontium 70
   VI. „   Magnesium, Kalium, Natrium, Lithium. .. 71

Anhang. Prüfungen auf Ammoniak und die bekanntesten Säuren 72
Reaktionen auf:
Ammoniak 72. — Kohlensäure 72. — Schwefelsäure 72. — Salzsäure 72. — Phosphorsäure 72. —
Salpetersäure 72. — Salizylsäure 73. — Borsäure 73.

Botanischer Teil.

I. Einleitung 77
II. Die zur Untersuchung der Gespinstfasern nötigen
Apparate und Reagentien 79
  a) Das Mikroskop 79
  b) Die Hilfsapparate und Instrumente 83
  c) Die Reagentien 89
III. Anfertigung mikroskopischer Präparate 94
IV. Allgemeines über die Anatomie der Pflanzen .. 99

	Seite

V. Die Gespinstfasern 103
  a) Allgemeiner Teil: Definition und Einteilung 103
    A. Natürlich vorkommende Fasern d. Pflanzen- u. Tierreiches 103
      1. Vegetabilische Fasern 103
        α) Pflanzenhaare 104
        β) Pflanzenfasern 104
      2. Animalische Fasern 104
    B. Künstliche Fasern 104
    C. Natürlich vorkommende Fasern des Mineralreiches. 105
    D. Technisch verwertete Hölzer 105
  b) Spezieller Teil 105
    A. Natürlich vorkommende Fasern 105
      1. Vegetabilische Fasern 105
        1. Die Zellulose 105. — 2. Die Baumwolle 107. — 3. Vegetabilische Seiden 111. — 4. Die Wolle der Wollbäume 112. — 5. Stengel und Wurzelhaare verschiedener Farne 113. — 6. Kokosfaser 114. — 7. Manilahanf 115. — 8. Agave americana 116. — 9. Der Sisalhanf 117. — 10. Der neuseeländische Flachs 117. — 11. Die Sansevierafaser 118. — 12. Espartofaser 118. — 13. Piassavefaser 119. — 14. Pandanusfaser 120. — 15. Tillandsiafaser 120. — 16. Flachs 121. — 17. Hanf 124. — 18. Gambohanf 126. — 19. Sunn 126. — 20. Ramie 126. — 21. Nessel 130. — 22. Jute 130. — 23. Lindenbast 132. — 24. Juccafaser 134. — 25. Bambusfaser 134. — 26. Torffasern 134. — 27. Strohfasern 135. — 28. Holzfaser 136. — 29. Waldwolle 137. — 30. Reiswurzel 138. — 31. Seegras 138. — 32. Luffa 138. — Kork 138.
      2. Animalische Fasern 139
        33. Echte Seide 139. — 34. Wilde Seiden 144. — 35. Seeseide 145. — 36. Schafwolle 145. — 37. Ziegenwolle 149. — 38. Kamelhaare 150. — 39. Haare des Großviehes und der Kälber 150. — 40. Kaninchenhaare 150. — 41. Pferdehaare 150.
    B. Künstliche Fasern 151
      1. Organischen Ursprungs 151
        42. Künstliche Seide 151. — 43. Kunstwolle 152.
      2. Anorganischen Ursprungs 153
        44. Glaswolle 153. — 45. Schlackenwolle 153. — 46. Metallfäden 153.

Inhaltsverzeichnis. VII

Seite

C. Natürliche anorganische Fasern 153
47. Asbest 153.

D. Technisch verwertete Hölzer 154
48. Sandelholz 154. — 49. Rotes Sandelholz 155. — 50. Afrikanisches Sandelholz 155. — 51. Blauholz 155. — 52. Echtes Gelbholz 155. — 53. Fernambukholz 155. — 54. Palisanderholz 156. — 55. Quassiaholz 156. — 56. Zedernholz 156. — 57. Mahagoniholz 156. — 58. Rotes Quebrachoholz 157. — 59. Brasilianisches Rosenholz 157. — 60. Eisenholz 157. — 61. Eukalyptushölzer 157. — 62. Erikaholz 157. — 63. Ebenhölzer 157. — 64. Krapp 158. — 65. Indigo 158.

VI. Allgemeine Methode zur Untersuchung und Trennung der Fasern 160
a) Charakteristische Unterschiede zwischen Pflanzen- und Tierfasern 160
b) Methoden zur Trennung 161
Tab. I a. Mikroskopische Unterscheidungsmerkmale der Pflanzenfasern 162. — Tab. I b. Unterscheidung der hauptsächlichsten vegetabilischen Papierfasern 163. — Tab. II. Verhalten der Pflanzenfasern gegen Reagenzien 164/65. — Tab. III. Verhalten tierischer Fasern gegen Reagenzien 166.
c) Polarisationserscheinungen 167
d) Trennung durch Färbung. 167
e) Entfärbung zur Untersuchung 168
f) Kritik der technischen Methoden 170
g) Die Appretur 171

VII. Untersuchung einiger landwirtschaftlich wichtiger Stoffe 173
Die zolltechnische Prüfung des Mehles 181

Anhang 183
1. Speisebohnen und Futterbohnen 183. — 2. Zucker- und Runkelrüben 183. — 3. Rübsamen und Raps 183. — 4. Hefe 183.

Literaturangabe.

Autenrieth, W.: Qualitative und quantitative Analyse.
Behrens, H.: Anleitung zur mikrochemischen Analyse der wichtigsten organischen Verbindungen.
Gattermann, L.: Die Praxis des organischen Chemikers.
Georgievics, G. v.: Lehrbuch der chemischen Technologie der Gespinstfasern.
Giesenhagen, Th.: Lehrbuch der Botanik.
Hager-Mez: Das Mikroskop und seine Anwendung. 9. Aufl.
König, J.: Die Untersuchung landwirtschaftlich und gewerblich wichtiger Stoffe. 2. Aufl.
Leunis, J.: Synopsis der drei Naturreiche.
Maurizio: Getreide, Mehl und Brot.
Mayrhofer, J.: Instrumente und Apparate zur Nahrungsmitteluntersuchung.
Mohr, F.: Lehrbuch der chemisch-analytischen Titriermethoden.
Moeller, J.: Mikroskopie der Nahrungs- und Genufsmittel aus dem Pflanzenreiche. 2. Aufl.
Strasburger, E.: Das botanische Prakticum. 3. Aufl.
Strasburger, Noll, Schenk, Schimper: Lehrbuch der Botanik. 4. Aufl.
Süvern, C.: Die künstliche Seide.
Wiesner, J.: Rohstoffe des Pflanzenreiches. 2. Aufl.

Chemischer Teil.

I. Einleitung.

Bei allen chemischen Arbeiten, sowohl bei der Synthese, d. h. beim Aufbau mehr oder weniger kompliziert zusammengesetzter Stoffe aus einfachen, als auch bei der qualitativen und quantitativen Analyse, der Zerlegung zusammengesetzter Körper in die Urstoffe, die Elemente, mufs peinlichste Sauberkeit als oberster Grundsatz gelten. Nicht nur, wenn reine Ausgangsmaterialien im einen Falle und reine Reagenzien im anderen Falle verwendet werden, ist auf ein sicheres Endresultat zu rechnen, vielmehr gebührt der Verwendung sauberer Gefäfse und Apparate ebenfalls die sorgfältigste Beachtung. Bei der einfachsten Reaktion im Reagenzrohre ist ein Irrtum nicht ausgeschlossen, wenn dieses nach früheren Untersuchungen nicht in geeigneter Weise gereinigt worden ist. Um nach Möglichkeit solche Täuschungen auszuschliefsen, vergewissert man sich tunlichst vorher von der Reinheit der Ausgangsstoffe, der Reagenzien usw., und ebenso von der Sauberkeit der Apparate. Ein mehrmaliges Ausspülen der Gefäfse mit destilliertem Wasser wird in den meisten Fällen diesen Zweck erreichen.

Da nun zur Ausführung chemischer Arbeiten eine gewisse Handfertigkeit erforderlich ist, so seien im folgenden die einfachsten Manipulationen näher beschrieben, die tagtäglich im Laboratorium vorkommen, und deren Kenntnis dem Laien die Anfangsschwierigkeiten wesentlich erleichtern wird.

II. Allgemeines.

Lösen.

Viele Stoffe sind zur Feststellung ihrer Identität oder zur Herstellung von Präparaten in trockenem Zustande, in Stücken oder pulverisiert, verwendbar; weitaus die meisten aber müssen zuvor in Lösung gebracht werden, um mit ihnen die entsprechenden Umwandlungen — chemische Reaktionen — ausführen zu können. Als Lösungsmittel dient in erster Linie destilliertes Wasser, für manche Fälle aber auch Alkohol, Äther, Chloroform, Benzin usw. oder Mischungen von diesen Stoffen. Um einen Körper leichter in Lösung zu bringen, zerreibt man ihn in einer Porzellanschale zu einem mehr oder minder feinen Pulver. Mineralien, die ziemlich hart sind, zerstöfst man vor dem Zerreiben in einem Stahlmörser. Man bringt alsdann die auf diese Weise zerkleinerte Materie je nach der Menge in ein Reagenzrohr, Becherglas, Erlenmeyerkölbchen oder in eine Porzellanschale, übergiefst sie mit destilliertem Wasser und erhitzt auf einem Drahtnetz über der Bunsen- oder Spiritusflamme oder auf dem kochenden Wasserbade. Löst sich die Substanz selbst nach längerem Erwärmen nicht vollständig in heifsem Wasser, so giefst man, z. B. bei der Vorbereitung zur qualitativen Analyse, vom Ungelösten ab und versucht den Rückstand in heifser verdünnter oder mäfsig konzentrierter Salzsäure zu lösen. In den meisten Fällen wird sich auf diese Weise vollkommene Lösung erreichen lassen. Man vereinigt alsdann für die vorzunehmenden Reaktionen die verschiedenen Lösungen. In selteneren Fällen, und hauptsächlich Metalle, deren Sulfide und Legierungen, erwärmt man zur Ausführung einer qualitativen Analyse direkt mit Salpetersäure. Bleibt nach aufeinanderfolgendem Kochen einer Substanz mit Wasser, verdünnter und konzentrierter Salzsäure, dann mit

Salpetersäure und endlich mit Königswasser, einer Mischung aus einem Teil konzentrierter (25 %) Salpetersäure und drei Teilen Salzsäure (spez. Gew. 1,124) noch ein Rückstand, so muſs er nach den Regeln der qualitativen Analyse aufgeschlossen werden.

Aufschließen.

Dieses Aufschlieſsen oder Löslichmachen eines Körpers für Wasser und Säuren geschieht in der Weise, daſs man ihn in einem bedeckten Porzellan- oder Platintiegel über der nicht leuchtenden Bunsenflamme mit gewissen Stoffen zusammenschmelzt. Zum Beispiel werden natürlich vorkommende Silikate mit Kalium-Natriumkarbonat oder mit Fluſssäure aufgeschlossen, Chromoxyd mit Salpeter und Soda und dergl. mehr. Unlösliche Sulfate, z. B. Baryumsulfat, kocht man mit konzentrierter Sodalösung usw.

Durch das Schmelzen der unlöslichen Verbindungen mit den verschiedenen Zusätzen entstehen neue Produkte, die in Wasser und Säuren leicht löslich sind. Um ein Zerspringen des Porzellantiegels zu verhüten und um ein langsames ruhiges Schmelzen zu bewirken, erwärmt man den Tiegel, welcher in einem Tondreieck hängt, anfangs gelinde und erst allmählich stärker über dem Bunsenbrenner. Von Zeit zu Zeit überzeugt man sich vom Stadium der Schmelze, indem man die Flamme entfernt und den Deckel des Tiegels mit einer Tiegelzange lüftet. Die Prozedur ist zu Ende, wenn der Tiegelinhalt einen gleichmäſsigen, ruhigen Schmelzfluſs aufweist, bei welchem keine chemische Reaktion der einzelnen Stoffe aufeinander, also z. B. eine Gasentwicklung, zu beobachten ist. Man läſst den bedeckten Tiegel im Tondreieck erkalten oder setzt ihn zu diesem Zweck auf eine Porzellan- oder Asbestplatte. Dies gilt vor allen Dingen für Platintiegel, da solche beim Aufsetzen in glühendem Zustande z. B. auf einen mit Blei ausgelegten Arbeitstisch sofort Legierungen bilden. Dadurch wird einmal das Gewicht des Tiegels verändert, auſserdem wird derselbe für weitere Arbeiten unbrauchbar, da der Tiegelboden brüchig wird oder leicht durchschmilzt. Nach dem Erkalten wird der Tiegel samt Inhalt in ein Becherglas gebracht und mit heiſsem Wasser oder verdünnter Säure übergossen bezw. erwärmt, um die Schmelze in Lösung zu bringen und den „aufgeschlossenen" Körper, welcher vorher unlöslich war, weiter zu verarbeiten.

Fällen.

Wenn im vorstehenden die Art und Weise eingehender erläutert wurde, wie die verschiedenen Stoffe in Lösung gebracht werden können, so sei im folgenden die Abscheidung einer Substanz oder eines Gemenges verschiedener Substanzen aus einer Lösung — die Fällung — näher erklärt. Handelt es sich darum, aus einer Lösung einen bestimmten Körper oder eine Gruppe derselben abzuscheiden, so läfst man von den betreffenden Fällungsmitteln langsam zu der Lösung der Substanzen zufliefsen. Je nachdem hat dies in der Siedehitze oder auch bei gewöhnlicher Temperatur zu geschehen. Wenn sich der ausgefällte Körper — der Niederschlag — nach einiger Zeit am Boden des Gefäfses abgesetzt hat, so überzeugt man sich, ob die Menge des Fällungsmittels genügt hat, ob also auf weiteren tropfenweisen Zusatz desselben vom Rande des Gefäfses her kein erneuter Niederschlag bewirkt wird. Ein grofser Überschufs des Fällungsmittels ist auf alle Fälle zu vermeiden.

Dekantieren.

Setzt sich ein aus einer Lösung ausgefällter Körper leicht zu Boden, so wäscht man ihn zuerst im Fällungsgefäfs durch Dekantieren aus, d. h. man giefst nur die Flüssigkeit über dem Niederschlag durch ein Filter, rührt diesen im Glase je nach den gegebenen Umständen mit heifsem oder kaltem Wasser auf, läfst absitzen, giefst die Flüssigkeit wieder durch das vorher benutzte Filter und wiederholt diese Operation mehrere Male. Schliefslich bringt man auch den Niederschlag aufs Filter und wäscht ihn hier noch so lange aus, bis im ablaufenden Filtrat das Fällungsmittel nicht mehr nachweisbar ist. Um sich davon zu überzeugen, verdampft man einige Tropfen des Filtrats auf einem Uhrglase auf dem Wasserbade oder auf einem Platinblech vorsichtig über freier Flamme. Nur wenn hierbei kein Rückstand bleibt, ist vollständig ausgewaschen.

Ein anderer Weg, das Fällungsmittel im Filtrat nachzuweisen, ist folgender. Man führt mit einem kleinen Teile des Filtrats eine charakteristische chemische Reaktion aus. Salzsäure z. B. weist man im Filtrat durch Zusatz von Silbernitratlösung nach vorherigem Ansäuern mit Salpetersäure nach. Ein weifser Niederschlag, welcher sich in Ammoniak leicht löst, deutet auf Chlor bezw. Salzsäure.

Allgemeines. 7

Auswaschen.

Beim Auswaschen eines Niederschlages auf einem glatten, anliegenden Filter spritzt man das betreffende Waschwasser aus einer kleinen Spritzflasche immer vom obersten Rand her nach innen zu so auf das Filter, daſs der Niederschlag sich schlieſslich in der Hauptsache in der Spitze des Filters befindet. Vor erneutem Aufgieſsen läſst man immer die Flüssigkeit im Filter erst vollständig ablaufen.

Filtrieren.

Eine Operation, die täglich des öfteren in der Praxis im Laboratorium auszuführen ist, ist die Filtration.

Wenn es sich darum handelt, eine Flüssigkeit zu klären, oder wenn nur das ablaufende Filtrat oder ein Teil desselben gebraucht wird, so filtriert man stets durch Faltenfilter. Die Verwendung von glatten Filtern ist dagegen angebracht und notwendig, wenn ein Niederschlag gesammelt und ausgewaschen werden soll, wie dies in der Analyse der Fall ist. Sind Trichter zur Hand, deren Wandungen zueinander in einem Winkel von genau 60° stehen, so liegen die Filter, welche man sich durch zweimaliges Zusammenfalten eines kreisrunden Stückes Filtrierpapier herstellt, nach dem Befeuchten mit Wasser usw. glatt an. Ist man aber gezwungen, jeden beliebigen Trichter für ein solches glattes Filter zu benutzen, so macht man dieses in der Weise passend und glatt anliegend, daſs man beim zweiten Falten des jetzt halbrunden Filtrierpapierstückes dieses derart bricht, daſs nicht zwei Hälften, sondern zwei ungleiche Teile entstehen. Auf diese Weise wird man nach einiger Übung immer ein anliegendes Filter bekommen. Als Regel beim Filtrieren gelte, daſs weder die glatten noch die Faltenfilter über den Trichter hinausragen dürfen, da die von diesem Teile aufgesaugte Flüssigkeit nicht ausgewaschen werden kann und somit für weitere Untersuchungen verloren geht.

In vielen Fällen ist es ratsam, einen Niederschlag vermittelst der Wasserstrahlpumpe (Saugpumpe), also unter vermindertem Druck, abzufiltrieren. Diese Methode hat den groſsen Vorteil, daſs einmal die Filtration bedeutend weniger Zeit in Anspruch nimmt, und daſs weiterhin Flüssigkeit und Niederschlag viel vollständiger voneinander getrennt werden. Eine Folge davon ist, daſs der Niederschlag erheblich schneller trocknet.

Für jede Filtration mit der Saugpumpe ist eine Saugflasche (Fig. 1) mit seitlich angesetztem Rohr, Tubus genannt, nötig. Ist eine solche nicht zur Hand, so versieht man einen dickwandigen Kolben mit einem doppelt durchbohrten Stopfen, in dessen eine Bohrung ein Trichter, in die andere ein rechtwinkelig gebogenes Glasrohr eingeführt wird, welches durch einen dickwandigen Gummischlauch, sogenannten Druckschlauch, mit der Saugpumpe verbunden wird.

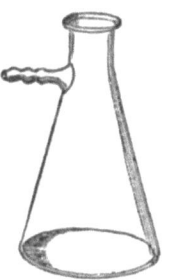

Fig. 1.

Das Filtrieren selbst kann auf verschiedene Weise ausgeführt werden. Entweder man filtriert durch ein glattes, an die Wandungen des Trichters gut anliegendes Filter und setzt, um ein Reißen der Filterspitze zu verhüten, einen Platin- oder Porzellankonus (Fig. 2) in den Trichter ein. In Ermangelung eines solchen legt man ein kleines Filterchen aus Filtrier- oder Pergamentpapier ein. Oder man bringt in den Trichter eine Siebplatte aus Porzellan (Fig. 3). Man schneidet dann aus Filtrierpapier ein Scheibchen, welches 2—3 mm größer ist als diese, und befeuchtet das Filterscheibchen mit einer geeigneten Flüssigkeit (siehe weiter unten), um ein plattes Anliegen an die Siebplatte und den Trichter zu bewirken.

Fig. 2.

Fig. 3.

Fig. 4.

Während die oben beschriebenen Methoden sich hauptsächlich zum Abfiltrieren von kleineren Mengen eignen, sind für größere Quantitäten die Büchnerschen Porzellantrichter (Fig. 4) sehr empfehlenswert. Man hat beim Gebrauch derselben nur eine entsprechend große Scheibe aus Filtrierpapier einzulegen.

Für Stoffe, die bei gewöhnlicher Temperatur leicht erstarren, wie z. B. Fette, bakteriologische Nährböden aus Agar-Agar usw., hat man Heißwassertrichter. Diese sind so konstruiert, daß der betreffende Trichter in einer Metallhülle oder Metallschlange sitzt, durch welche fortwährend heifses Wasser zirkuliert. Dadurch wird ein Festwerden der Substanzen bezw. ein Auskristallisieren verhindert.

Um einen Niederschlag ohne Verlust auf ein kleines Filter zu bringen, fettet man die Ausgufsstelle (oder den Schnabel des Gefäfses) aufsen ein wenig mit Fett (Vaseline) ein und läfst die Flüssigkeit an einem Glasstabe in das Filter herunterlaufen. An dem unteren Ende des Stabes befestigt man eine Gummikappe, um mit derselben schliefslich die letzten festen Teilchen aus dem Becherglase auszuwischen.

Endlich sei bemerkt, dafs man bei jeder Filtration das Filter stets mit derselben Flüssigkeit befeuchtet oder vielmehr mit einer gleichartigen wie jene, welche man abfiltrieren will. Man wird also bei einer wässerigen Flüssigkeit das Filter mit destilliertem Wasser, bei einer alkoholischen mit Alkohol usw. anfeuchten. Hat man Öl von Wasser zu trennen, so befeuchtet man das Filter mit Wasser, wenn das Öl zurückbleiben soll und umgekehrt.

Glühen.

Soll der Niederschlag gewogen und geglüht werden, so bedeckt man den Trichter, nachdem man hat gut abtropfen lassen, mit einem Stück Papier und bringt ihn in einen Trockenschrank. Nach dem Trocknen löst man den Niederschlag, um ihn zu glühen, über einem Bogen Glanzpapier vom Filter, verbrennt dieses an einem Platindraht über dem Tiegel, bringt den Niederschlag mittelst Federfahne oder Pinsel ohne Verlust vom Glanzpapier gleichfalls in den Tiegel, glüht, läfst im Exsikkator erkalten und wägt.

Abdampfen.

Bei vielen chemischen Arbeiten erhält man oft gröfsere Flüssigkeitsmengen, welche für bestimmte Zwecke wieder auf ein kleines Quantum eingeengt werden müssen. Bei niedrig siedenden Stoffen, wie Alkohol, Äther, Benzol usw., kann dies unter Umständen bei gewöhnlicher Temperatur, speziell im Sommer, in der Sonne durch Verdunsten in flachen Schalen erfolgen. Bei wässerigen Lösungen dagegen ist eine gröfsere Wärmemenge nötig. Diese liefert ein kochendes Wasserbad oder bei genügend grofsen Schalen eine Bunsenflamme unter einem Drahtnetz oder einer Asbestplatte, welche so reguliert wird, daſs ein Überkochen oder Verspritzen des Schaleninhaltes ausgeschlossen ist. Man nennt diese Manipulation A b d a m p f e n. Soll dieses Abdampfen bis zur Trockne fortgesetzt werden, so ist immer ein siedendes Wasserbad vorzuziehen, da auf diese Weise Verluste durch Herausspritzen aus der Schale sicher vermieden werden.

Um ein Hineinfallen von Schmutz, Staub usw. in die abzudampfende Lösung tunlichst zu verhüten, befestigt man in einiger Entfernung über der Schale einen entsprechend groſsen Trichter umgekehrt an einem Stativ, also mit dem Abfluſsrohr nach oben.

Oft, z. B. in der Analyse, muſs der Abdampfrückstand geglüht werden. Man gieſst deshalb die schon weit eingedampfte Flüssigkeit in einen Porzellan- oder Platintiegel, spült die Schale mehrmals mit Wasser nach, trocknet zuerst auf dem Wasserbade und dann im Trockenschrank und glüht schlieſslich mit oder ohne aufgelegten Deckel über dem Bunsenbrenner oder dem Gebläse.

Schlämmen.

Wie bereits ausführlich beschrieben worden ist, geschieht die Trennung von festen und flüssigen Stoffen durch Filtration. Sollen aber gewisse feste Körper in der Hauptsache von anderen festen geschieden werden, so geschieht dies durch S c h l ä m m e n. Man rührt das Pulvergemisch mit Flüssigkeiten an, in denen die betreffenden Stoffe unlöslich sind bezw. man schüttelt sie damit gut durch. Hierbei bleiben die feinsten Teilchen für einige Zeit in der Flüssigkeit suspendiert und die schwereren setzen sich rasch zu Boden. Durch Abgieſsen vom Bodensatz und Verdampfen der Flüssigkeit läſst sich auf diese Weise eine Trennung der festen Körper ermöglichen.

Manchmal läſst sich auch mit Hilfe eines Magneten ein Teil des Gemisches entfernen, z. B. aus einer Mischung von Schwefel und Eisen das letztere.

Destillieren.

Wesentlich anders als die eben erwähnten Trennungen von festen und flüssigen Körpern gestalten sich jene von zwei oder mehreren Flüssigkeiten, welche sich gegenseitig lösen oder mischen. Diese Operation, bei welcher die erhöhte Temperatur den Hauptfaktor bildet, bei welcher ein Gemisch mehrerer Flüssigkeiten auf Grund ihrer verschiedenen Siedetemperaturen in die einzelnen Bestandteile getrennt wird, nennt man Destillation.

Die Destillation beruht im Prinzip darauf, daſs eine Flüssigkeit durch Erhitzen in Dampf verwandelt und dieser auf geeignete Weise wieder zu Flüssigkeit verdichtet wird. Je nachdem diese Operation bei Atmosphärendruck oder im luftverdünnten Raume ausgeführt wird, unterscheidet man zwischen gewöhnlicher Destillation und jener im Vakuum. Letztere findet hauptsächlich dann Anwendung, wenn die zu destillierende Flüssigkeit sich beim Erhitzen auf ihre Siedetemperatur bei Atmosphärendruck zersetzt. Da diese Art der Destillation, ebenso wie die später kurz zu beschreibende „Destillation mit Wasserdampf" in der Praxis der Zollbeamten so gut wie nie vorkommen wird, so seien hier nur die gewöhnliche und die fraktionierte Destillation ausführlicher beschrieben.

Die einfachste Anordnung einer Destillation findet man wohl beim Abdestillieren eines Lösungsmittels. Bei vielen Arbeiten im Laboratorium hat man oft eine Substanz in einer vielfach gröſseren Menge eines Lösungsmittels zu lösen oder damit auszuschütteln, wie z. B. die Gewinnung von Fett oder fettartigen Körpern aus wässerigen Lösungen vermittelst Äther. Ist die Menge des Lösungsmittels gering, so verdampft man dieses auf einem Uhrglase oder in einem flachen Schälchen auf dem heiſsen Wasserbade. Bei gröſseren Quantitäten lohnt es sich aber, das Lösungsmittel zurückzugewinnen, ganz abgesehen von der Feuergefährlichkeit, welche ein offenes Abdampfen, z. B. von gröſseren Mengen Äther, mit sich führen würde. Man destilliert also das Lösungsmittel ab. Zu diesem Zweck bringt man die betreffende Flüssigkeit in einen entsprechend groſsen Kolben, so daſs dieser höchstens zu etwa $2/3$ davon angefüllt wird, und verschlieſst ihn mit einem durchbohrten Kork, in dessen Bohrung ein spitzwinkelig gebogenes Glasrohr eingeführt wird. Dieses verbindet man durch einen gutschlieſsenden Korken mit einem Liebigschen Kühler. Der untere Teil des Kühlrohres endet in einen Kolben — die Vorlage — welcher das Destillat wieder aufnimmt. Den Kolben — das Destillationsgefäſs — setzt man auf ein heiſses Wasserbad, wenn man Äther abdestillieren will, oder in das kochende Wasserbad bei Alkohol, oder man erhitzt ihn auf einem Drahtnetz über freier Flamme. Dadurch wird die Flüssigkeit in Dampf verwandelt, welcher sich beim Durchgange durch den Kühler wieder zu Flüssigkeit verdichtet.

Etwas komplizierter als das eben erwähnte Abdestillieren einer Flüssigkeit, eines Lösungsmittels vom festen Körper, gestaltet sich die fraktionierte Destillation. Hier handelt es sich darum, mehrere verschiedenartige Flüssigkeiten eines Gemisches von einander zu trennen. Das Prinzip ist hier genau dasselbe wie bei der einfachen Destillation. Jede der betreffenden Flüssigkeiten wird zum Sieden erhitzt und bei der ihr eigenen, bestimmten Siedetemperatur vollständig abdestilliert. Um nun einen Anhaltspunkt zu haben dafür, ob immer noch ein und dieselbe Flüssigkeit abdestilliert, wird in den Destillationskolben ein Thermometer so eingesetzt, dafs seine Quecksilberkugel sich dort befindet, wo die Dämpfe der betreffenden Flüssigkeit in das Ansatzrohr am Kolben eintreten (Fig. 5). Solange in der Hauptsache dieselbe Flüssigkeit abdestilliert, bleibt das Thermometer bei der Temperatur der die Quecksilberkugel bestreichenden Dämpfe innerhalb weniger Grade ziemlich konstant. Erst wenn die nächste, bei einer höheren Temperatur siedende Flüssigkeit zu destillieren beginnt, wird das Thermometer unruhig, steigt rasch auf die betreffende Siedetemperatur und bleibt dann wieder im wesentlichen so lange ruhig, bis auch diese Flüssigkeit in der Hauptsache abdestilliert ist usf. Sind z. B. zwei Flüssigkeiten vom Siedepunkt 40° und 70° von Wasser zu trennen, so hält man die Temperatur so lange bei 40°, bis nichts mehr überdestilliert, dann geht man allmählich höher bis 70° und destilliert hier ebenfalls vollständig ab. Die Destillate bei den verschiedenen Temperaturen werden getrennt aufgefangen — in einzelnen Fraktionen — und behufs Reinigung von mitgerissenen Anteilen der anderen Fraktionen nochmals destilliert.

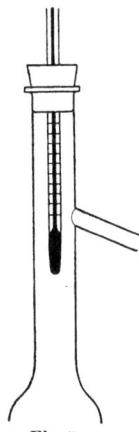

Fig. 5.

Um bei all diesen Destillationen das lästige Stofsen (plötzliches Aufwallen!), dem sehr oft der Kochkolben und somit auch die ganze Arbeit zum Opfer fällt, zu verhindern, bringt man in die Flüssigkeit vor dem Erhitzen ein paar kleine Stückchen Bimsstein oder ungebrannten Ton, einen kleinen Platindraht u. dgl. m., oder man klemmt in den Hals des Kolbens mit dem Korke einen bis auf den Boden des Gefäfses reichenden sogenannten Siedefaden.

Allgemeines. 13

Der Vollständigkeit halber sei die „Destillation mit Wasserdampf" noch kurz erwähnt. Sie beruht auf der Tatsache, dafs viele Stoffe und unter diesen auch solche, welche sich sonst erst erheblich über 100° C verflüchtigen, oder die sich beim einfachen Destillieren zersetzen, beim Durchleiten von Wasserdämpfen durch dieselben mit diesen ohne Zersetzung flüchtig sind. Die hierfür angewandte Apparatur unterscheidet sich von jener bei der einfachen Destillation nur dadurch, dafs in einem zweiten Gefäfs, meist aus Blech, Wasserdampf erzeugt wird. Dieser wird vermittelst Gummischlauches und eines in eine Spitze ausgezogenen, schwach gebogenen und bis nahe auf den Boden des Destillationskolbens reichenden Glasrohres in die betreffende Flüssigkeit eingeleitet. Man reguliert dann die Brenner unter dem Dampfentwickler und dem Destillationskolben in der Weise, dafs ein lebhafter, aber nicht zu stürmischer Dampfstrom entsteht, und dafs im Kolben die Flüssigkeit nicht zur Trockne verdampft wird. Soll die Operation unterbrochen werden oder ist sie zu Ende, so entfernt man zunächst den Verbindungsschlauch vom Destillierkolben zum Dampfentwickler und dreht erst dann die Flammen aus, andernfalls könnte sonst leicht der Inhalt des Kolbens in den Dampfentwickler zurückgesaugt werden. Die Destillation ist zu Ende, wenn z. B. keine Öltröpfchen mehr mit überdestillieren, oder wenn nach dem Ausschütteln einer Probe des Destillates mit Äther dieser beim Verdampfen keinen Rückstand hinterläfst.

Zwei Manipulationen, die bei den chemischen Arbeiten der Zollbeamten wohl selten oder nie vorkommen werden, sollen hier noch kurz Erwähnung finden, nämlich die Kristallisation und die Sublimation.

Kristallisieren.

Um chemische Körper, die bei der Darstellung fast nie sofort rein erhalten werden, zu reinigen, müssen sie unter Umständen des öfteren umkristallisiert werden. Zu diesem Zweck löst man sie in einem geeigneten Lösungsmittel, welches durch Ausprobieren gefunden worden ist, auf, und zwar in möglichst wenig desselben. Man setzt unter Erwärmen in kleinen Portionen allmählich von dem Lösungsmittel zu, so dafs eben gerade Lösung erreicht wird, filtriert die heifse Lösung in ein erwärmtes anderes Gefäfs, erhitzt nach vollständiger Filtration nochmals und stellt an einen kühlen Ort bedeckt beiseite. Nach etwa 24 Stunden filtriert man die Kristalle ab, wäscht sie mit einer geringen Menge des Lösungsmittels ab und trocknet sie zwischen Filtrierpapier oder bei kleinen Mengen auf dem Uhrglase im evakuierten Exsikkator. Dieses Umkristallisieren wiederholt man so oft, bis ein konstanter Schmelzpunkt erreicht worden ist.

Als Lösungsmittel benutzt man für organische Substanzen hauptsächlich Wasser, Alkohol, Äther, Chloroform, Benzol, Petroläther, Aceton, Schwefelkohlenstoff sowie einige Mischungen derselben, z. B. Wasser mit Alkohol, Petroläther mit Äther usw.

Da das Lösungsmittel oft von grofser Wichtigkeit für die Reindarstellung eines Körpers ist, so empfiehlt es sich, in eingehender Weise zuerst mit kleinen Quantitäten auszuprobieren, bis das geeignetste Lösungsmittel gefunden ist und dann erst die Substanz im grofsen umzukristallisieren.

Sublimieren.

Die Sublimation dient ebenso wie die Kristallisation aus einem Lösungsmittel zur Reinigung eines festen Körpers, wird aber viel seltener angewendet als die Kristallisation.

Um kleinste Mengen eines Körpers zu sublimieren, bedient man sich zweier Uhrgläser. Auf das untere bringt man die Substanz, bedeckt es mit einem mehrmals durchlöcherten Filtrierpapierscheibchen und legt das andere Uhrglas darauf. Beide hält man durch eine Uhrglasklammer zusammen. Beim Erwärmen verdampft die Masse und verdichtet sich am kälteren oberen Uhrglase wieder zu Kristallen. Das Filter verhindert das Zurückfallen der sublimierten Substanz in das untere Uhrglas.

Sind gröfsere Mengen zu sublimieren, so nimmt man ein gröfseres Uhrglas oder auch ein Becherglas, einen entsprechend grofsen Tiegel usw. und bedeckt dieselben mit einem Trichter, in dessen Rohr ein kleiner Wattebausch gestopft wird. Das Erhitzen geschieht in einem Luft-, Öl- oder Sandbade.

Schmelzpunktbestimmen.

Im Anschlusse hieran mag kurz beschrieben werden, wie man den Schmelzpunkt einer Substanz bestimmt. Diese Operation wird im Laboratorium sehr häufig ausgeführt, und zwar einmal zur Erkennung und Charakterisierung fester Körper, wie auch zur Prüfung auf ihre Reinheit.

Allgemeines. 15

In die Öffnung eines Rundkolbens mit langem und engem Halse bringt man mittelst eines durchbohrten Korkes ein Thermometer. Der Kork besitzt einen seitlichen Einschnitt, um der beim Erwärmen sich ausdehnenden Luft den Austritt zu gestatten. Die Kugel des Glaskolbens wird zu etwa zwei Dritteln mit reiner konzentrierter Schwefelsäure angefüllt, in welche man, um das Dunkelwerden derselben zu verhindern, ein Körnchen Salpeter wirft. Statt Schwefelsäure dienen auch flüssiges Paraffin oder Glyzerin als Heizflüssigkeiten. Man bringt eine kleine Menge der völlig trockenen Substanz, von welcher man den Schmelzpunkt bestimmen will, in ein dünnwandiges Kapillarröhrchen und befestigt dieses mit Hilfe eines Gummiringes (ein ca. 1 mm breites Stückchen eines Kautschukschlauches!) an dem Thermometer und zwar so, dafs die Substanz neben das Quecksilbergefäfs zu liegen kommt. Um dieselbe in die sog. Schmelzpunktröhrchen einzufüllen, taucht man diese mit dem oberen offenen Ende in die feingepulverte Probe und bewirkt durch vorsichtiges Klopfen, dafs das Pulver auf den Boden der Kapillare fällt. Vermittelst eines Glasfadens stopft man dann die lockere Schicht ein wenig zusammen. Ihre Höhe betrage nicht viel mehr als 1 mm. Man erwärmt alsdann den Kolben ganz allmählich, indem man eine kleine Flamme fortwährend darunter hin und her bewegt, und beobachtet die Substanz im Röhrchen. Erweicht diese oder sickert sie stark zusammen, was in vielen Fällen wenige Grade vor dem Schmelzpunkt eintritt, so erwärmt man noch langsamer. Die Schmelzpunktstemperatur ist erreicht, wenn die vorher undurchsichtige Substanz plötzlich durchsichtig geworden ist und einen Meniskus zeigt. Dieser Zeitpunkt wird am Thermometer abgelesen.

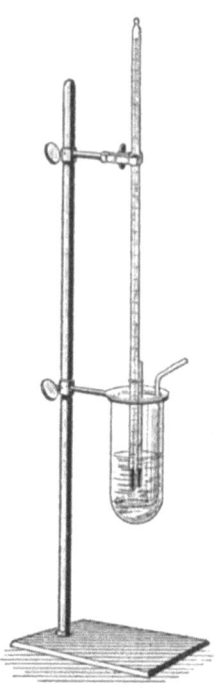

Fig. 6.

In Laboratorien sehr viel im Gebrauch ist nebenstehender Apparat (Fig. 6) zur Bestimmung des Schmelzpunktes.

Gegenüber der oben beschriebenen Konstruktion befindet sich hier die Heizflüssigkeit (Schwefelsäure, Glyzerin, Paraffin) nicht in einem Kolben, sondern in einem weiten Reagenz- oder Becherglase. Dieser Apparat hat den Vorzug, dafs man die zu erwärmende Flüssigkeit vermittelst eines Rührers durchmischen kann, was hauptsächlich in der Nähe des Schmelzpunktes der Substanz von grofsem Wert ist. Es können sich sonst leicht verschieden heifse Flüssigkeitsschichten bilden, wodurch ein unrichtiger Schmelzpunkt gefunden wird.

Trennen und Ausschütteln von Flüssigkeiten im Scheidetrichter.

Handelt es sich um die Trennung zweier nicht mischbarer Flüssigkeiten in der Kälte, also nicht durch Abdestillieren der einen mit Hilfe von Wärme, so bedient man sich eines Scheidetrichters (Fig. 7). Dieser besteht aus einem birnförmigen Glasgefäfs, welches oben durch einen Glasstopfen und im Abflufsrohr durch einen eingeschliffenen Glashahn verschlossen werden kann. Die eine der zu trennenden Flüssigkeiten ist wohl in den meisten Fällen Wasser oder wässeriger Natur. Ist die andere spezifisch schwerer als Wasser, so läfst man sie aus dem Abflufsrohr des Scheidetrichters durch Öffnen des Hahnes abfliefsen. Schwimmt sie dagegen auf dem Wasser, so läfst man letzteres ab und giefst dann die spezifisch leichtere Flüssigkeit aus der oberen Öffnung des Trichters heraus, um zu vermeiden, dafs dieselbe mit im Abflufsrohr befindlichen Wasserresten vermischt wird.

Fig. 7.

Um Substanzen, welche in einer Flüssigkeit, meistens wohl Wasser, fein verteilt oder gelöst sind, mit Äther, der sich mit Wasser nur wenig mischt, der aber viele Substanzen leichter löst als Wasser, aufzunehmen, schüttelt man die Substanzen oder deren Lösungen im Scheidetrichter mit Äther aus. Diese Operation bezeichnet man mit Ausäthern. Man fügt zu der betreffenden Flüssigkeit etwa $1/3$ ihres Volumens an Äther, schüttelt tüchtig durch, lüftet öfters den Stopfen, um den Druck des Ätherdampfes herauszulassen, und stellt dann einige Zeit beiseite, damit sich die Flüssigkeiten, etwa Wasser und Äther, in zwei Schichten trennen. Erfolgt dies nur schwierig, so gibt man noch mehr Äther zu und schwenkt in vertikalem Kreise langsam um. In den hartnäckigsten Fällen erzielt man meistens durch einige Tropfen Alkohol eine Trennung der Emulsion. Man läfst dann die wässerige Flüssigkeit durch das Abflufsrohr ab und giefst die ätherische Schicht oben heraus. Alsdann bringt man die auszuschüttelnde wässerige Flüssigkeit wieder in den Scheidetrichter, gibt wiederum eine Menge Äther hinzu und wiederholt die Operation auf diese Weise etwa dreimal. Die erhaltenen ätherischen Auszüge vereinigt man endlich, läfst sie einige Stunden mit trockenem Chlorcalcium (je nachdem etwa mit 10—20 g) stehen, filtriert durch ein trockenes Filter und destilliert die Hauptmenge des Äthers ab. Den Rest desselben verjagt man auf einem Wasserbade.

Aussalzen.

Zur Abscheidung von Substanzen, welche in Wasser gelöst sind, leistet das sog. Aussalzen oft vorzüglichste Dienste. Viele in reinem Wasser leichtlösliche Substanzen besitzen die Eigenschaft, in wässerigen Salzlösungen schwer- oder unlöslich zu sein. Bringt man demnach in die wässerige Lösung einer solchen Substanz so lange trockene Pottasche, Kochsalz, Chlorcalcium, Salmiak oder andere Salze, bis diese nicht mehr gelöst werden, so scheidet sich der ursprünglich im reinen Wasser gelöst gewesene Körper ab, und an dessen Stelle lösen sich eben die oben aufgeführten Salze auf. Der verdrängte Stoff, z. B. Alkohol, Aceton u. a. sammelt sich auf der Oberfläche der schweren Salzlösung und kann bei gröfseren Mengen abgehebert oder in der üblichen Weise im Scheidetrichter getrennt werden. In vielen Fällen empfiehlt sich auch eine Kombination von Aussalzen mit Ausäthern. Diese hat den grofsen Vorteil, dafs der gelöste Körper, wenn nicht vollständig, so doch gröfstenteils, schon durch das Aussalzen abgeschieden wird, und dafs endlich in der konzentrierten Salzlösung sich bedeutend weniger Äther löst als im Wasser. Man bedarf daher einer erheblich geringeren Menge Äthers zur Ausschüttelung. Hier nimmt man gewöhnlich fein pulverisiertes Kochsalz, und zwar $1/4$—$1/3$ des Gewichtes der wässerigen Lösung.

Entfärben.

Um farblose Körper von gefärbten Verunreinigungen oder überhaupt vom Farbstoff zu befreien, bedient man sich der Tierkohle, welche in hohem Grade die Fähigkeit besitzt, Farbstoffe auf sich niederzuschlagen. Handelt es sich um feste Körper, so löst man diese erst vollkommen in einem geeigneten Lösungsmittel auf, läfst ein wenig abkühlen, fügt etwa einen Teelöffel voll Tierkohle hinzu, kocht ungefähr 10—15 Minuten und filtriert heifs. Gefärbte Flüssigkeiten kocht man direkt mit Tierkohle. Bei Anwendung von Lösungsmitteln, welche sich nicht mit Wasser mischen, trockne man die meist etwas feuchte Tierkohle zuvor auf dem Wasserbade.

Sehr empfehlenswert ist zum Entfärben ein Zusatz von Kieselgur (Infusorienerde) oder feinem Holzschleifmehl zur Tierkohle.

Sollte beim Filtrieren am Anfang ein wenig Tierkohle durch das Filter gehen, so giefst man das Filtrat so oft zurück, bis es klar wird, was nach 2- bis 3-maligem Zurückgiefsen meistens der Fall sein wird. Der Rückstand mufs, vor allem bei quantitativen Bestimmungen, mit dem betreffenden Lösungsmittel öfter nachgewaschen werden, also bei alkoholischen Lösungen mit heifsem Alkohol, bei wässerigen mit heifsem Wasser usw., um die von der Tierkohle möglicherweise zurückgehaltene Substanz tunlichst wieder zu gewinnen.

Eine andere Methode, die nur kurz erwähnt sei, zur Entfernung des Farbstoffes aus Flüssigkeiten, wie z. B. bei Rotwein, ist die mit Bleiessig. Man versetzt 60 ccm der Farblösung mit 6 ccm Bleiessig. Der Niederschlag wird abfiltriert, zu 33 ccm des Filtrates 3 ccm einer gesättigten Natriumsulfatlösung zugesetzt und wiederum filtriert. In vielen Fällen erhält man auf diese Weise ein vollkommen farbloses Filtrat.

III. Gegenstände und Apparate,
welche für die einfacheren chemischen Arbeiten gebraucht werden, und deren Handhabung*).

1. Reagenzgläser (Reagenzzylinder, -rohre), ca. 20 cm lang, dazu ein Holzgestell (Fig. 8), welches eine gröfsere Anzahl Reagenzgläser aufnehmen kann.
2. Reagenzglashalter (Fig. 9), aus Holz oder (Fig. 10) Messing mit Holzgriff, um die Reagenz-

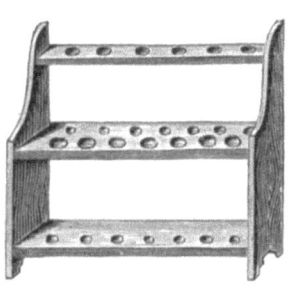

Fig. 8. Fig. 9. Fig. 10.

gläser während des Kochens zu halten. Im Notfalle genügt ein Papierstreifen in mehrfacher Lage.

3. Erlenmeyerkölbchen (Fig. 11), Bechergläser (Fig. 12) mit Ausgufs, Kochkolben (Steh- [Fig. 12 a] und Fraktionierkolben [Fig. 12 b] mit seitlichem Ansatzrohr) in verschiedenen Gröfsen.
4. Trichter, gröfsere und kleine für die quantitative Analyse, deren Wände unter einem Winkel von 60° zueinander stehen, damit glatte Filter überall gut anliegen.

---

*) Sämtliche Utensilien sind von der Fabrik chemischer und physikalischer Apparate Ehrhardt & Metzger Nachf., Inh. K. Friedrichs, Darmstadt, zu beziehen.

5. Filtrierpapier, feines und grobkörniges, sowie fertige Faltenfilter und rund geschnittene Papierscheiben für glatte Filter.

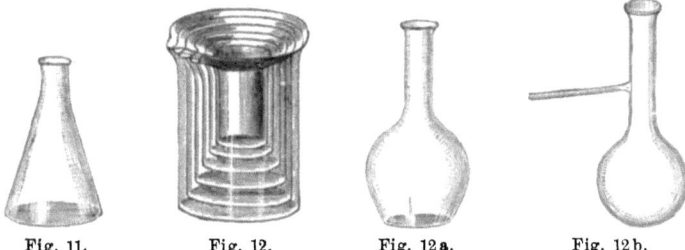

Fig. 11.   Fig. 12.   Fig. 12a.   Fig. 12b.

Fig. 13.

6. Filtriergestell (Fig. 13) aus Holz, mit zwei oder vier Löchern.

7. Glasstäbe, an den Enden rund geschmolzen. Um an den Wandungen der Gläser anhaftende Niederschläge vollständig auszuwischen und aufs Filter zu bekommen, überzieht man einen Glasstab am einen Ende mit einer

8. Gummikappe. Bei alkalischen Flüssigkeiten (Laugen) vermeide man solche Kappen, da der Gummi angegriffen wird.

9. Uhrgläser in verschiedener Gröfse.

10. Dreifufs (Fig. 14) aus Eisen, auf welchen ein

11. Drahtnetz (Asbestdrahtnetz) oder eine

Fig. 14.   Fig. 15.   Fig. 16.

12. Asbestplatte gelegt wird, um Glasgefäfse über freier Flamme zu erhitzen.

13. Tondreiecke (Fig. 15) in verschiedener Gröfse, in welchen

14. Porzellan- und Platintiegel geglüht werden.
15. Exsikkator (Fig. 16). Ein Glasgefäfs mit dicken Glaswänden. Im unteren Teile desselben befindet sich meistens Chlorcalcium oder konzentrierte Schwefelsäure, darüber eine durchlöcherte Porzellanplatte. Verschlossen wird der Exsikkator

Fig. 17.   Fig. 18.

durch eine gut aufgeschliffene Glasplatte. Er hat den Zweck, frisch geglühte Gegenstände (Tiegel) oder Substanzen aufzunehmen, welche in ihm, gegen Feuchtigkeit geschützt, erkalten und dann gewogen werden können.

16. Tiegelzange (Fig. 17) aus Nickel, Messing oder Aluminium.
17. Platinblech, 2:3 cm grofs, für qualitative Schmelzproben.
18. Platindraht, ca. 10 cm lang, $1/2$—1 mm dick, in einen Glasstab eingeschmolzen.

Fig. 19.

19. Spritzflasche (Fig. 18) für destilliertes Wasser oder in kleinerem Format für Alkohol usw. In einen doppelt durchbohrten Stopfen von Kautschuk (Gummi) oder Kork führt man ein langes, bis beinahe auf den Boden des Kolbens reichendes Glasrohr, dessen oberes Ende nach abwärts gebogen ist. Vermittelst eines Stückchens Gummischlauch verbindet man dieses mit einem in eine Spitze ausgezogenen kleinen Glasrohr. Durch die andere

Bohrung geht ein zweites, kürzeres Rohr, durch welches Luft in den Kolben eingeblasen wird.

20. Porzellanschalen, ungefähr 100 ccm fassend, mit Ausguſs.
21. Wasserbad (Fig. 19) aus Kupfer mit Ringen.
22. Trockenschrank (Fig. 19a) mit durchlöcherter Querwand, um kleine Trichter mit Niederschlägen aufrecht hineinstellen oder hängen zu können.

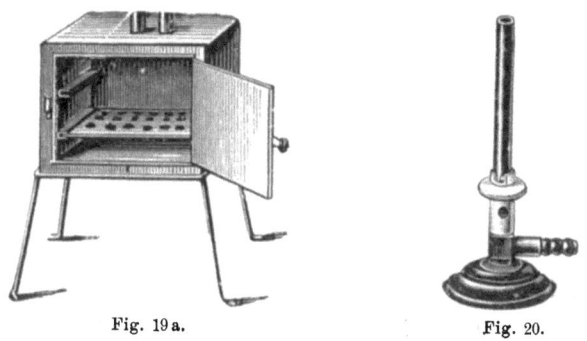

Fig. 19a.   Fig. 20.

23. Bunsen- (Fig. 20) oder Teclubrenner.
24. Reibschale aus Porzellan, innen glatt, mit Ausguſs.
25. Scheidetrichter, hauptsächlich zum Ausschütteln von Flüssigkeiten mit Äther usw.
26. Liebigscher Kühler (Fig. 21) zum Abdestillieren von leicht flüchtigen Stoffen, wie Äther, Alkohol usw. nötig.

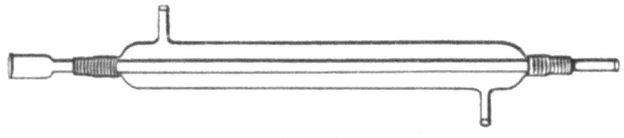

Fig. 21.

27. Korkbohrer (Fig. 22), ein Satz. Geschliffen werden die einzelnen stumpfgewordenen Bohrer entweder mit einem jedem Satz beigegebenen messerartigen Instrument (Fig. 23) oder in der Weise, daſs man eine dreikantige Feile erst in der Öffnung mehrmals herumdreht und dann mit derselben den Bohrer aufsen zufeilt. Bei Gummistopfen tauche man den scharfgeschliffenen Bohrer zuvor ganz wenig in Glyzerin ein. Um Glasröhren oder

-stäbe durch Gummistopfen hindurch zu bekommen, befeuchte man sie an dem betreffenden Ende ebenfalls mit wenig Glyzerin oder Wasser.

28. Korkpresse oder besser zwei Holzbrettchen, zwischen welchen man harte Korkstopfen sehr schnell weich prefst.

29. Pipetten, 2, 5, 10, 20, 25, 50 und 100 ccm fassend (Fig. 24 und 24 a).

30. Büretten (Fig. 25), meist zu 50 ccm, dienen sowohl zum Abmessen bestimmter Flüssigkeitsmengen als auch zum Titrieren bei der Mafsanalyse. Ihre Handhabung wird im Abschnitt „V. Spezielles" dieses Büchleins näher erläutert.

31. Hornlöffel.
32. Gewichtssatz mit Pinzette.

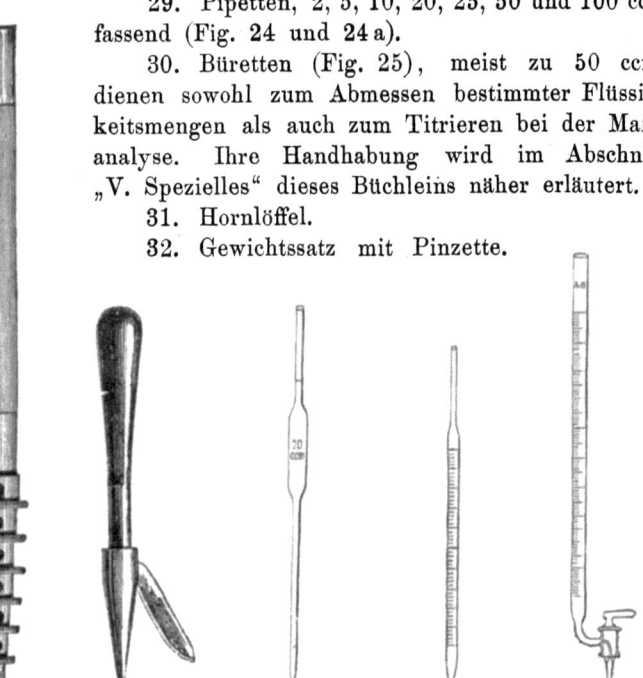

Fig. 22.   Fig. 23.   Fig. 24.   Fig. 24 a.   Fig. 25.

Die Gewichte dürfen nur mit dieser angefafst werden und nie mit den Fingern, da sie durch deren Feuchtigkeit bald ungenau werden.

33. Handwage, zum Abwägen kleinerer Substanzmengen.
34. Analytische Wage (Fig. 26).

Im Anschlusse an die im vorstehenden erwähnten Apparate sei noch kurz auf verschiedene kleine Kniffe hingewiesen, die, so klein sie auch zum Teil sein mögen, doch dem Nichtchemiker willkommen sein werden.

Das Reagenzglas hält man am oberen Ende mit dem Daumen

einerseits und Zeige- und Mittelfinger anderseits. Untersuchungen im Reagenzglase führt man mit möglichst wenig Substanz und in den meisten Fällen mit nicht zu konzentrierten Lösungen aus. Die Reaktion ist auf diese Weise leichter zu verfolgen und wird dadurch übersichtlicher.

Gibt man zu dem Inhalt eines Reagenzglases Säure, Lauge, oder irgend eine andere Flüssigkeit, so geschehe dies in kleinen Portionen, am besten tropfenweise. Auf diese Art wird eine vorübergehende Reaktion dem Beobachter selten entgehen.

Tropfenweise ausgiefsen kann man aus einer grofsen Flasche oder aus einer solchen, die etwas zu voll ist, in der Weise, dafs man die Flüssigkeit an dem Stopfen oder an einem Glasstabe langsam herunterlaufen läfst.

Das Umschütteln geschehe nicht in der Längsrichtung des Reagenzglases, sondern in der dazu senkrechten Richtung, ruckweise, von einer Wand zur gegenüberliegenden, so wird niemals von dem Inhalte aus dem Rohre herausgeschleudert werden.

Um eine kleine Menge einer Flüssigkeit über dem Bunsenbrenner zu erhitzen, halte man das Reagenzrohr schräg in die Flamme und zwar so, dafs diese bis höchstens zur Hälfte der Flüssigkeitshöhe reicht. Erhitzt die Flamme auch noch den trockenen Teil des Reagenzglases, so springt dieser bei der geringsten Bewegung durch Berührung mit der Flüssigkeit ab, und der Inhalt des Reagenzglases geht verloren.

Die Mündung des Reagenzrohres halte man beim Kochen stets von sich weg, damit nicht bei plötzlich eintretender Reaktion oder stofsweisem Aufkochen ein Teil des Inhaltes dem Betreffenden in die Augen oder zum mindesten auf die Kleidung geschleudert wird. Während des Erwärmens bis zum Sieden schüttle man öfters um.

Hier sei gleich bemerkt, dafs Säureflecken auf der Kleidung sich meistens vollkommen entfernen lassen, wenn sie sofort mit Ammoniakflüssigkeit (Salmiakgeist) behandelt werden.

Säuren — in Flaschen mit Glasstopfen aufzubewahren —, Laugen — in Flaschen mit Gummistopfen —, überhaupt Flüssigkeiten jeder Art giefse man stets so aus der Flasche, dafs deren Etikette nach oben, also in die Handfläche zu liegen kommt. Man vermeidet auf diese Weise, wenn man aufserdem noch den Flaschenrand nach dem Ausgiefsen mit dem Stopfen abstreicht, ein Herunterlaufen der betreffenden Flüssigkeit aufsen an der Flasche und somit ein Verderben der Etikette.

Stopfen von Flaschen, welche gesättigte Salzlösungen (Laugen usw.) enthalten, backen leicht ein. In diesem Falle stellt man die Flasche einige Zeit umgekehrt, also mit dem Flaschenhalse nach unten, in ein Gefäfs mit heifsem Wasser. Oft kommt man aber schneller zum Ziele, wenn man den Flaschenhals — nur diesen! — über einer kleinen Bunsenflamme unter fortwährendem Drehen erwärmt. Dadurch dehnt sich der Flaschenhals aus, während der Stopfen noch kalt ist und sich ohne grofse Schwierigkeit entfernen läfst. Das Erwärmen darf selbstredend nicht so weit fortgesetzt werden, dafs der Stopfen auch noch warm wird.

Dem Übelstande des Festbackens kann leicht vorgebeugt werden, wenn der Flaschenhals und Stopfen nach jedem Ausgiefsen aus der Flasche gereinigt und eventuell mit wenig flüssigem Paraffin eingefettet werden.

Platingefäfse dürfen nie auf einem Drahtnetz oder mit rufsender Flamme erhitzt und niemals in glühendem Zustande auf eine Metallunterlage gesetzt werden, sondern stets nur auf Porzellan oder Asbest. Silber-, Blei-, Wismut-, Arsen-, Antimon-, Zinnverbindungen, Ätz- und Schwefelalkalien dürfen niemals in Platingefäfsen geglüht oder geschmolzen werden, weil diese Stoffe das Platin mehr oder weniger zerstören. Genannte Substanzen glüht man in Porzellantiegeln, Ätzalkalien in Silbertiegeln.

Platingefäfse werden durch Abreiben mit feinstem Seesand oder in der Weise gereinigt, dafs man wenig Kaliumbisulfat, $KHSO_4$, in denselben schmelzt.

Zur gründlichen Reinigung der Reagenzgläser bedient man sich am besten grofser Federn, auch wohl entsprechend dünner Bürstchen. Erstere sind vorzuziehen, da ein Durchstofsen des Bodens der Reagenzrohre weniger leicht möglich ist als mit den steiferen Bürstchen. Bei Verwendung von starker (roher) Salzsäure oder heifsem Sodawasser, bei fettigem Inhalt auch wohl von wenig Alkohol oder Äther wird meistens eine vollständige Reinigung der Reagierzylinder erreicht werden. Auf dieselbe Weise und mittelst grofser Federn werden die Abflufsrohre der Trichter leicht und gründlich rein gemacht.

Zur Reinigung gröfserer Gefäfse verwendet man Flaschenbürsten. War in einem Kolben usw. eine Flüssigkeit, welche sich mit Wasser nicht mischt, oder z. B. eine alkoholische Lösung eines Körpers, der sich auf Zusatz von Wasser ausscheidet, so gibt man nicht gleich Wasser in das Gefäfs, sondern zuvor Alkohol und spült dann erst mit Wasser nach.

Um harzige Verunreinigungen, die fest an den Wandungen anhaften, zu entfernen, bringt man rohe konzentrierte Schwefelsäure in die betreffenden Gefäfse und nachher wenig Wasser. Durch den Zusatz von Wasser zu konzentrierter Schwefelsäure tritt eine erhebliche Erwärmung ein, welche die Wirkung der Schwefelsäure noch verstärkt. Dies kann man auch durch Zusatz einiger Stückchen doppeltchromsauren Kalis erreichen. Vielfach ist es notwendig, die betreffenden Gefäfse mit der Schwefelsäure einige Stunden oder über Nacht stehen zu lassen.

Bei manchen Verunreinigungen führt oft auch eine Behandlung mit starker Natron- oder Kalilauge zum Ziele.

In vielen Fällen, wo weder Säure noch Lauge in gewünschter Weise wirken, erzielt man rasch eine gründliche Reinigung der Gefäfse, wenn man dieselben mit Filtrierpapierschnitzeln, wenig Sand und nicht zu viel Wasser so lange schüttelt, bis das Filtrierpapier vollständig zu einem Brei zerteilt ist. Ein gleitendes Herumschwenken dieses Papierbreies mit dem Sand an den Wandungen der Gefäfse wird meistens eine vollständige Reinigung zur Folge haben.

Bei den gewöhnlichen synthetischen und analytischen Arbeiten hat man es mit wässerigen Flüssigkeiten zu tun. Man kann demnach hierbei die gereinigten Gefäfse in noch feuchtem Zustande benutzen. Häufig kommt es aber auch vor, dafs man für Flüssigkeiten, welche sich mit Wasser nicht mischen, trockene Gefäfse haben mufs. Um kleine Kölbchen usw. schnell zu trocknen, spült man sie zunächst mit Alkohol aus und dann mit Äther. Um diesen vollständig zu verjagen, bläst man entweder mit dem Gebläse Luft kurze Zeit durch das Gefäfs, oder man saugt die Ätherdämpfe mit der Saugpumpe ab. Es ist zweckmäfsig, sich zwei Flaschen für sogenannten Spülalkohol und Spüläther einzurichten. Da man diese Substanzen für jenen Zweck lange Zeit immer wieder benutzen kann, so giefst man sie jedesmal in die für sie bestimmten Flaschen zurück.

Zum raschen Trocknen gröfserer Gefäfse ist diese Methode zu teuer. Hier verfährt man derart, dafs man das gereinigte Gefäfs möglichst gut abtropfen läfst und dann unter vorsichtiger Erwärmung bei fortwährendem Drehen mit Hilfe eines Blasebalges Luft einbläst. Auch durch Absaugen mit der Saugpumpe lassen sich die Wasserdämpfe entfernen.

Im Anschlufs hieran mag noch kurz erwähnt sein, wie man die Hände reinigt, wenn dieselben durch Farbstoffe gefärbt sind, welche durch Wasser nicht entfernt werden können, wie z. B. Fuchsin. In diesem Falle taucht man sie in eine verdünnte Lösung von Natriumnitrit, welche schwach angesäuert ist. Der Farbstoff läfst sich dann mit Wasser leicht abwaschen.

Auf alle Fälle führt eine der folgenden Methoden zum Ziele. Entweder man taucht die Hände einige Zeit in eine verdünnte, mit wenig Schwefelsäure angesäuerte Kaliumpermanganatlösung. Dadurch wird einerseits der Farbstoff zerstört, anderseits aber häufig die Hände durch Braunstein braun gefärbt. Man spült mit Wasser ab und wäscht die Hände mit wenig wässeriger schwefliger Säure, nachher wieder mit Wasser.

Oder nach einer anderen Methode reibt man sich die Hände mit einem Brei aus Chlorkalkpulver und Sodalösung ein, wodurch gleichfalls der Farbstoff zerstört wird. Um den unangenehmen Geruch nach Chlor von den Händen zu entfernen, bürstet man dieselben tüchtig ab und wäscht sie darauf mit wenig schwefliger Säure.

Beim Ausgiefsen von Flüssigkeiten aus Bechergläsern, Schalen usw. läfst man stets die Lösungen an einem Glasstabe herunterlaufen, nachdem man vorher die Ausgufsstelle des Gefäfses aufsen ein wenig mit Fett bestrichen hat. Dadurch wird ein Verlust an Substanz durch Herunterlaufen an der Aufsenwand des Gefäfses vermieden. Diese Arbeitsweise ist bei quantitativen Bestimmungen unumgänglich notwendig.

Derartige Glasstäbe stellt man sich je nach Bedarf in gröfserer oder geringerer Anzahl in der Weise her, dafs man einen langen Glasstab von 3—5 mm Dicke in kleinere Stücke von 10—15 cm Länge zerschneidet. Hierzu bedient man sich eines Glasmessers oder einer dreikantigen Feile. Man ritzt den Glasstab an einer Stelle auf etwa ein Viertel des Umfanges an und bricht ihn durch einen leichten Druck von der anderen Seite nach dem Feilstrich zu entzwei. Die beiden Enden werden in der nichtleuchtenden Flamme des Bunsenbrenners rund geschmolzen. Dieselbe Regel gilt beim Schneiden von Glasröhren.

Um Glasröhren zu biegen, wie dies bei der Herstellung von Spritzflaschen usw. nötig ist, erwärmt man dieselben zuerst in einer rufsenden Flamme, am besten in einem sog. Schnitt- oder Schmetterlingsbrenner unter fortwährendem Drehen so lange, bis das Rohr gleichmäfsig berufst ist und weich wird. Nach einiger

Zeit prüft man durch Loslassen der einen Hand, ob das Glas beginnt, sich zu biegen. Ist dieses Stadium erreicht, so erwärmt man noch kurze Zeit weiter, immer unter beständigem Drehen und biegt schließlich das Rohr ganz langsam in der gewünschten Weise. Nach dem Erkalten entfernt man den Ruß.

Sehr oft kommt man in die Lage, z. B. den unregelmäßig abgebrochenen Hals eines Kolbens, Zylinders usw. abzusprengen, um ihn wieder glatt zu schmelzen, wieder gebrauchsfähig zu machen. Zu diesem Zweck ritzt man den Hals des Kolbens an der betreffenden Stelle mit dem Glasmesser oder der Feile etwa 1 cm weit ein und setzt auf das eine Ende des Feilstriches das stark glühende Ende einer Sprengkohle oder eines Glasstabes fest auf. Weniger zuverlässig ist das Erhitzen der geritzten Stelle des Flaschenhalses und Betupfen mit einem Tröpfchen Wasser. Hierbei springt das Glas gern unregelmäßig.

War der Feilstrich gerade, so springt in der Regel das Glasstück darüber vollständig eben ab. Die scharfe Bruchfläche schmelzt man dann in der oben angegebenen Weise glatt.

Um ein Glasrohr in eine feine Spitze auszuziehen, erhitzt man dasselbe über der nichtleuchtenden Bunsenflamme unter beständigem Drehen bis zum Weichwerden, nimmt es aus der Flamme heraus und zieht es nach beiden Seiten zu einem etwa 1 mm weiten Röhrchen aus. Nach dem Erkalten schneidet oder bricht man die Kapillare an der gewünschten Stelle ab.

Das Erhitzen einer Flüssigkeit zum Sieden geschieht in Steh-, Erlenmeyerkolben usw., indem dieselben auf ein Drahtnetz oder eine Asbestplatte gesetzt werden. Beides wird von einem eisernen Dreifuß getragen. Als Wärmequelle dient ein Bunsenbrenner. Um bei längerer Dauer des Siedens das lästige Stoßen — plötzliches explosionsartiges Aufwallen —, welches sehr oft zur Zertrümmerung des Kochgefäßes führt, zu vermeiden, gibt man zum Inhalt des Kolbens einige kleine Stückchen Bimsstein oder Tontellerstückchen. Dadurch wird ein ruhiges Sieden bewirkt.

Als Wärmequelle für viele einfachen chemischen Untersuchungen mag die Flamme eines Spiritusbrenners ausreichend sein. Bei weitaus den meisten Operationen im Laboratorium bedarf man jedoch einer heißeren Flamme. Diese erreicht man bequem vermittelst Leuchtgases durch den sogenannten Bunsenbrenner. Um denselben näher zu erläutern, sei gestattet, ein wenig weiter auszuholen.

Eine leuchtende Flamme zeigt eine unvollständige Verbrennung. Sie enthält folglich noch feste oder flüssige glühende Teilchen suspendiert, was man daran erkennen kann, dafs sie auf einer kalten dazwischengehaltenen Porzellanplatte Rufs abscheidet.
Bei der Kerzenflamme unterscheidet man drei Teile:
1. den leuchtenden Kegel, wo nur der Wasserstoff der Kohlenwasserstoffe verbrennt, der Kohlenstoff glühend wird,
2. den äufseren nichtleuchtenden Saum, wo durch den Sauerstoff der Luft der Kohlenstoff zu Kohlensäure verbrennt, und
3. den inneren Kegel, wo nur vergaste Kohlenwasserstoffe und keine brennenden Substanzen sind. Diese kann man heraussaugen und aufserhalb der Flamme verbrennen.

Im Bunsenbrenner wird durch das aus kleinen Löchern in einen grofsen Raum ausströmende Gas Luft eingesaugt und auf diese Weise gleich der ganze Kohlenstoff zu Kohlensäure verbrannt. Dadurch wird eine grofse Hitze bezw. eine heifse Flamme erzeugt.

Die nichtleuchtende Flamme des Bunsenbrenners besteht aus einem äufseren heifsen Mantel und dem inneren kalten Teil. Dieser läfst sich bequem nachweisen dadurch, dafs man ein Stückchen Holz quer in die Flamme hält. Innen wird dasselbe vollständig erhalten bleiben, während es im äufseren heifsen Mantel der Flamme zu brennen anfängt.

Aufser dem eben beschriebenen Bunsenbrenner bestehen noch verschiedene andere Konstruktionen, welche teils durch gröfsere Luftzufuhr, wie beim Teclubrenner, teils durch Luftzufuhr unter Druck, wie beim gewöhnlichen Gebläse, noch höhere Temperaturen erreichen.

Hier seien gleich noch einige Verhaltungsmafsregeln erwähnt, welche man bei kleineren Bränden zu beobachten hat. Nicht selten kommt es vor, dafs beim Arbeiten mit leicht brennbaren Stoffen wie Alkohol, Äther usw. der Inhalt eines Becherglases, Kolbens u. dergl. m. zu brennen anfängt. In einem solchen Falle bedeckt man das Gefäfs einfach mit einem Uhrglase, oder man hält die Öffnung mit einem Tuch zu, wodurch die Flamme alsbald erstickt wird. Hat der Brand durch irgend welche Zufälle, etwa durch Zerspringen des Gefäfses und Herauslaufen des Inhaltes, gröfsere Dimensionen angenommen, so sucht man gleichfalls durch Bedecken mit Tüchern die Flammen zu ersticken. Vorteilhaft ist es, sich vor dem Arbeiten mit solchen leicht brennbaren Stoffen einen Eimer mit Sand bereitzustellen. Auch hiermit ist ein kleiner Brand sehr schnell bewältigt.

Kleinere Brandwunden an den Händen suche man nicht durch Abspülen unter der Wasserleitung zu kühlen, da auf diese Weise nur schmerzhafte Blasen entstehen. Vielmehr fette man die verbrannten Stellen sofort mit Vaseline oder einer stets frisch zu bereitenden Mischung aus Leinöl und Kalkwasser gut ein. Dieses sog. Brandliniment wird aus gleichen Teilen Leinöl und

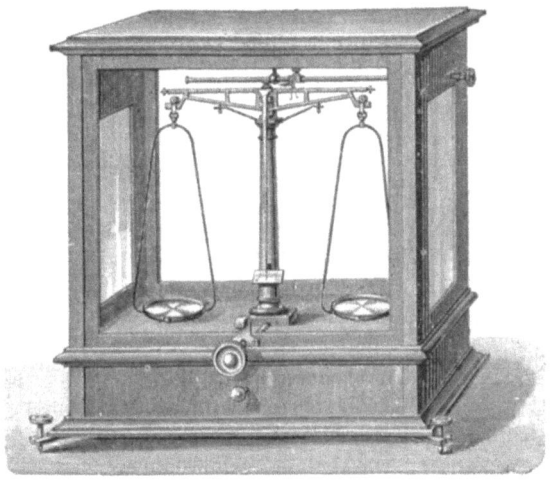

Fig. 26.

Kalkwasser durch kräftiges Schütteln bereitet, bis die Mischung gelblich-weiſs milchartig geworden ist. Durch Verbinden der eingefetteten Wunden mit einem Stück Mullbinde, die auch bei Schnittwunden mit einem Glasscherben gute Dienste leistet, schützt man endlich die gebrannten Stellen gegen Verunreinigungen von auſsen.

Nach diesen Abschweifungen sei gestattet, die analytische Wage und deren Behandlung noch etwas ausführlicher zu erläutern.

Die analytische Wage (Fig. 26) dient dazu, kleinere Gegenstände, wie Tiegel, Schalen, Pyknometer usw., bis auf Bruchteile von Milligrammen genau zu wägen. Wie schon daraus hervorgeht, ist die analytische Wage ein aufserordentlich feines, empfindliches Instrument, welches der peinlichsten Schonung bedarf, wenn es seine Genauigkeit nicht sehr bald einbüfsen soll. Deshalb sind auch die besseren Wagen in einem Glasgehäuse, um sie gegen Staub, schädliche Dämpfe (Säuren), Luftfeuchtigkeit usw. und gegen den Atem während des Wägens möglichst zu schützen. Es würde über den Rahmen dieses Büchleins hinausgehen, wenn hier die Konstruktion, all die Prüfungen auf Genauigkeit, Empfindlichkeit usw. der Wage näher erläutert werden sollten. Es sei daher nur auf die Manipulation des Wägens ein wenig näher eingegangen. Vorausgeschickt sei, dafs die Wage durch Schrauben an den beiden vorderen Schrauben genau senkrecht gestellt ist, was man an einer Libelle oder einem Senkel im Innern der Wage beobachten kann. Sodann prüft man vor jeder Wägung, ob die Wage ohne Belastung auf 0 einsteht, eventuell merkt man sich, bei welchem Teilstrich links oder rechts der Nullpunkt liegt.

Folgende Punkte sind beim Wägen auf einer analytischen Wage stets zu beachten:

1. Um einen Gegenstand zu wägen, arretiert man die Wage zuvor, d. h. man hebt den Wagebalken samt Schalen vermittelst der betreffenden Vorrichtung in die Höhe, so dafs er also nicht auf den Schneiden ruht. Man setzt dann den Gegenstand auf die linke Wagschale, auf die rechte das vermutete Gewichtstück, läfst erst jetzt die Wage auf einige Teilstriche spielen und beobachtet, nach welcher Seite die Zunge ausschlägt. Ist das Gewicht zu klein oder zu grofs, so **arretiert man erst wieder**, setzt das nächst gröfsere oder kleinere Gewichtstück auf, läfst wieder schwingen usw. Als Grundsatz gelte, dafs vor jeder Veränderung an der Wage dieselbe immer erst arretiert werde!

2. Sowohl Gegenstand als auch Gewichte setze man stets auf die Mitte der Wagschale, da eine einseitige Belastung der Wage schadet. Das Aufsetzen von Gegenständen und Gewichten auf die Wagschalen geschehe stets durch die beiden seitlichen Türen des Gehäuses.

3. Substanzen, wie Pulver, kristallisierte Körper usw. wäge man nie unmittelbar auf der Wagschale, sondern man tariere zunächst ein Uhrglas, kleines Becherglas usw., bringe die Substanz in dieses Gefäfs und wäge wiederum. Durch Subtraktion

des Gewichtes des Gefäßes von jenem mit dem Material erfährt man das Gewicht des letzteren.

Stoffe, welche durch die Luftfeuchtigkeit, die Kohlensäure oder den Sauerstoff der Luft verändert werden, dürfen nie auf offenem Uhrglase usw. gewogen werden, sondern in verschlossenen Wägegläschen.

Flüssigkeiten müssen ebenfalls in Flaschen mit Stopfen gewogen werden.

4. Heiße Tiegel, bei 100^0 C. im Wägegläschen getrocknete Substanzen usw. lasse man stets im Exsikkator bei Zimmertemperatur erkalten ($1/2$ Stunde genügt in den meisten Fällen!), ehe man sie auf die Wage setzt. Im anderen Falle wird ihr Gewicht zu leicht gefunden. Ist der Körper erheblich kälter als die Temperatur des Zimmers, in welchem gewogen wird, so wird sein Gewicht zu hoch ermittelt, weil er je nach seinem Kältegrad mehr oder weniger Luftfeuchtigkeit auf seiner Oberfläche verdichtet.

5. Ist die Wage verstaubt, so reinige man sie mit einem weichen Pinsel, eventuell fette man die Schneiden mit ganz wenig flüssigem Paraffin ein.

IV. Maſs- oder Titrieranalyse.

Wesen der quantitativen Analyse.

Die quantitative Analyse allgemein hat die Aufgabe, die einzelnen Bestandteile eines zusammengesetzten Körpers ihrer Menge nach zu bestimmen.

Man unterscheidet zwischen der Gewichtsanalyse und der Maſs- oder Titrieranalyse.

Bei den gewichtsanalytischen Bestimmungen führt man die einzelnen Bestandteile eines mehr oder weniger kompliziert zusammengesetzten Körpers in bestimmte Verbindungsformen über, die in gewissen Lösungsmitteln, verdünnten Säuren oder Salzlösungen, unlöslich oder so gut wie unlöslich sind. So führt man z. B. Schwefelsäure in Baryumsulfat, Magnesium in Magnesiumpyrophosphat, Calcium in Calciumoxalat über usw. Die nun in eine sogenannte wägbare Form verwandelten Substanzen lassen sich genau wägen und somit auch genau ermitteln.

Bei der Maſsanalyse findet man die Menge einer Stubstanz mit Hilfe von Lösungen, deren Gehalt an wirksamer Substanz bezw. Wirkungswert (Titer) man genau kennt. Diese Normallösungen läſst man aus genau geeichten Glasröhren, den Büretten, zu der Substanz, welche man bestimmen will, und die fast stets in Lösung zu sein pflegt, so lange zuflieſsen, bis eine charakteristische Endreaktion eintritt. Da dieser Zeitpunkt in den meisten Fällen nicht ohne weiteres zu sehen wäre, so setzt man wenige Tropfen eines Indikators zur Lösung der zu bestimmenden Substanz. Es sind dies Stoffe, welche durch einen bestimmten Farbenumschlag das Ende der Reaktion anzeigen.

Bevor auf die Art der Ausführung der Maſsanalyse ausführlicher eingegangen wird, mögen die dazu nötigen Geräte näher beschrieben werden. Es sind dies in der Hauptsache die

1. Pipetten,
2. Büretten und
3. Meſsgefäſse.

Pipetten.

Bei den Pipetten unterscheidet man Vollpipetten und Meſspipetten (siehe Fig. 24 u. 24 a). Erstere dienen zum Abmessen eines bestimmten Volumens einer Flüssigkeit; sie besitzen in der Regel nur eine Marke in der oberen Röhre und fassen bis zu dieser je nachdem 1, 2, 5, 10, 20, 25, 50, 100 und 150 ccm. Oft besitzen sie auch zwei Marken, innerhalb welcher sie das betreffende Volum enthalten.

Bei den Pipetten mit nur einer Marke sind bezüglich des Auslaufenlassens drei Fälle zu beobachten. Entweder man läſst die Flüssigkeit aus der Pipette durch Anlegen an die Gefäſswand auslaufen und berücksichtigt den letzten an der Ausfluſsspitze der Pipette hängenden Tropfen nicht, oder man läſst frei ablaufen und streicht den Tropfen ab, oder endlich man bläst denselben aus. Pipetten, deren Eichung nicht besonders angegeben ist, sind im allgemeinen auf Abstrich geeicht.

Die Meſspipetten bilden den Übergang von den Pipetten zu den Büretten. Es sind zylindrische Glasröhren, welche, oben etwas verengt, unten in eine feine Spitze verlaufen und eine bis zu $1/20$ ccm gehende Graduierung besitzen. Der Nullpunkt liegt im unteren Teil des Rohres.

Die Pipette wird gefüllt, indem man sie mit dem unteren Teil in die Flüssigkeit taucht, am oberen langsam und ruhig saugt, bis die Flüssigkeit etwas über dem Eichstrich steht, und dann rasch mit dem Zeigefinger der rechten Hand verschlieſst. Man achte stets darauf, daſs die Pipette hinreichend tief in die Flüssigkeit eintaucht, damit nicht beim Aufsaugen Luftblasen mit emporgesogen werden. Diese erzeugen leicht einen Schaum über dem Eichstrich, wodurch ein genaues Ablesen unmöglich wird. Oder aber es kann ein Teil der Flüssigkeit in den Mund gelangen, was bei starken Laugen usw. sehr schmerzhaft und deshalb zu vermeiden ist.

Man halte die Pipette zwischen Daumen und Mittelfinger (Fig. 27). Die Spitze des Zeigefingers, welche die Pipette oben verschliefst, mufs eine gewisse Feuchtigkeit besitzen. Ist sie vollkommen trocken, so schliefst sie nur bei starkem Druck; ist sie nafs, so fliefst die Flüssigkeit nicht tropfen-, sondern stofsweise aus. Am besten befeuchtet man die Fingerspitze an der Lippe und reibt sie einmal gegen den Daumen. Auf diese Weise bleibt gerade so viel Feuchtigkeit vorhanden, um durch leichten Druck die Pipette vollkommen zu verschliefsen und bequem nach

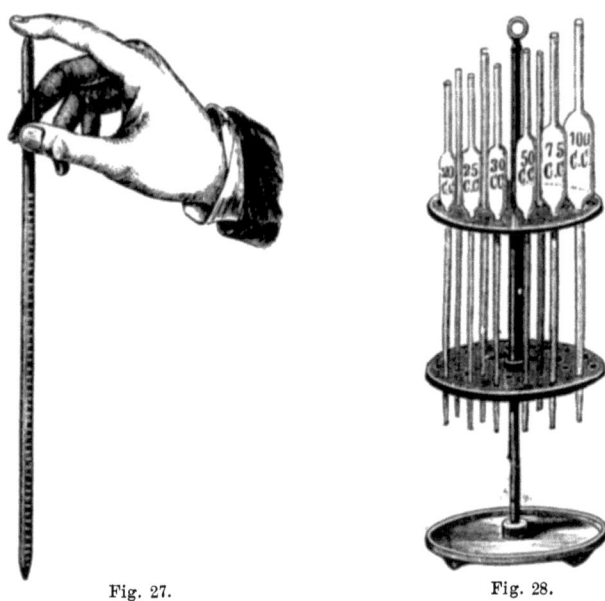

Fig. 27.   Fig. 28.

Belieben die Flüssigkeit tropfenweise austreten zu lassen. Man schiebt den Zeigefinger nur leise hin und her. Durch Versuche mit Wasser wird leicht einige Fertigkeit erreicht werden.

Um die Pipetten stets zur Hand zu haben, um sie nach der Reinigung ablaufen und trocknen zu lassen usw., bringe man sie in ein Holzgestell (Fig. 28), und zwar, um die Spitze zu schonen, mit dieser nach oben. Das Gestell besteht aus zwei horizontalen durchlöcherten Holzscheiben, welche durch einen Holzstab miteinander verbunden sind. Der Fufs ist mit einer Bleieinlage versehen, damit das Ganze fest steht.

Büretten.

Die Büretten sind zylindrische, beiderseits offene, mit genauer Graduierung versehene Glasröhren, deren unteres Ende verjüngt und dann wieder zu einer kleinen bauchartigen Anschwellung aufgeblasen ist, damit ein darübergezogener Kautschukschlauch gut daran befestigt werden kann. In diesen wird ein spitz ausgezogenes Glasröhrchen eingeschoben.

Der Kautschukschlauch, welcher die Verbindung der Bürette mit der Ausflufsspitze herstellt, wird bei den gebräuchlichsten Büretten durch eine federnde Klemme, einen sogenannten Quetschhahn, verschlossen, nach welchem die Quetschhahnbüretten benannt sind.

Diese Quetschhähne sind jedoch auf die Dauer nicht sehr empfehlenswert. Durch ihre oft zu kräftige Federung wird der Kautschukschlauch nach einiger Zeit an der geprefsten Stelle leicht brüchig und somit undicht.

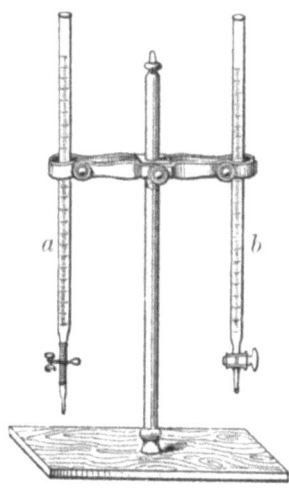

Fig. 29.

Einen weitaus praktischeren Bürettenverschlufs erreicht man auf folgende Art. Man schiebt in den Kautschukschlauch zwischen Bürettenende und Ausflufsspitze ein ca. 1 cm langes Stückchen eines Glasstabes. Dieses sei etwa um 1 mm dicker als die Lichtweite des Schlauches. Nach dem Befeuchten mit Wasser läfst es sich bequem in das Innere des Schlauches bringen. Um die Flüssigkeit ausfliefsen zu lassen, braucht man nur den Schlauch an der Stelle, wo das Glasstäbchen sich befindet, mit Daumen und Zeigefinger zu pressen. Dadurch entsteht eine Falte, durch welche die Flüssigkeit in die Spitze ausfliefsen und abtropfen kann.

Für Flüssigkeiten wie Laugen, Kaliumpermanganatlösung, Silbernitratlösung usw., welche die Kautschukmasse angreifen und dabei selbst zersetzt werden, wendet man keine Büretten mit Kautschukschlauch (Fig. 29 a) an, sondern Glashahnbüretten (Fig. 29 b). Sie besitzen an Stelle des Quetschhahnes einen gut eingeschliffenen Glashahn. Es sei gleich hier bemerkt, dafs diese

Büretten sofort nach dem Gebrauch, besonders wenn alkalische Flüssigkeiten darin enthalten waren, zu reinigen sind. Der Hahn ist mit Vaseline zu bestreichen, da derselbe sonst einkittet, was in vielen Fällen den Verlust der Bürette bedeutet. Da diese beiden eben beschriebenen Büretten wohl für die chemischen Arbeiten der Zollbeamten am praktischsten sein werden, so mögen alle die anderen im Laufe der Zeit konstruierten Büretten hier nicht näher beschrieben werden.

Grofse Schwierigkeiten bereitet oft dem Nichtgeübten das richtige Ablesen des Flüssigkeitsstandes in einer Bürette oder in sonstigen Mefsgefäfsen. Hier ist nämlich die Flüssigkeitsoberfläche, durch die Adhäsion der Flüssigkeit an den Wandungen bedingt, eine konkav gekrümmte. Die Einstellung darf daher nicht auf den oberen Teil des Flüssigkeitsspiegels vorgenommen werden, sondern auf den unteren Meniskus. Da dieser am schärfsten ist, so stellt man durchsichtige Flüssigkeiten stets auf diesen ein, undurchsichtige gefärbte dagegen immer auf die höchste Stelle des Meniskus. Es bedarf wohl kaum der Erwähnung, dafs bei ein und derselben Titration oder bei Kontrollbestimmungen immer in der gleichen Weise abgelesen werden mufs, entweder immer oben oder immer unten. Man läfst tropfenweise von der Flüssigkeit so viel ausfliefsen, bis der untere Meniskus gerade auf einem Teilstrich aufsitzt.

Das Auge befinde sich während der Ablesung stets in horizontaler Linie mit dem Meniskus. Steht es höher oder niedriger, so tritt Paralaxe ein, und die Ablesung wird fehlerhaft.

Mit wenigen Worten mag hier noch die Reinigung der Büretten besprochen werden. Dieselbe wird nötig, wenn nach dem Auslaufen einer wässerigen Flüssigkeit aus einer Bürette einige Tröpfchen an der Glaswand hängen bleiben. Man schüttelt dann die Bürette nacheinander mit starker Lauge, dann mit Wasser und Säure tüchtig aus oder läfst mit mäfsig verdünnter Schwefelsäure unter Zusatz von Kaliumbichromatlösung einige Tage stehen. Oft führt kräftiges Schütteln mit Sand, Filtrierpapierschnitzeln und wenig Wasser rasch zum Ziele. In allen Fällen ist zum Schlufs die Bürette mehrmals mit Wasser nachzuspülen.

Meßgefäße.

Die Meßgefäße finden in der Hauptsache in Gestalt von Maßkolben und Maßzylindern (Fig. 30, 31, 32) Anwendung, um eine kleinere oder größere Menge einer Flüssigkeit möglichst

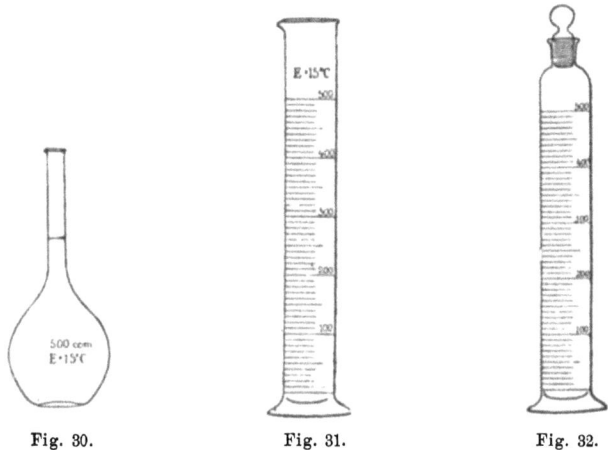

Fig. 30.   Fig. 31.   Fig. 32.

genau abzumessen. Das Auffüllen und Ablesen geschieht ganz analog dem bei der Handhabung der Büretten Gesagten, nämlich der untere Meniskus muß den Teilstrich eben berühren.

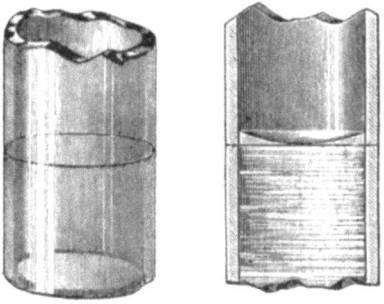

Fig. 33.

Da bei diesen Gefäßen der Eichstrich in der Regel um den ganzen Hals herumgeführt ist, so stellt man zur genauen Ablesung die Kolben und Zylinder entweder auf einen ebenen Tisch, oder man faßt sie mit zwei Fingern am leeren Teile des Halses und hält sie schwebend so vor das Auge, daſs der kreisförmige Eichstrich als eine gerade Linie erscheint (Fig. 33). Auf diese Weise wird jeder Fehler bei der Ablesung vermieden.

Diese Maſskolben und -zylinder existieren in den verschiedensten Gröſsen, von 10 ccm an bis zu 5 Litern.

Normallösungen.

Bei der Maſsanalyse verwendet man entweder
1. Normallösungen oder
2. titrierte Lösungen.

Unter Normallösungen versteht man Lösungen von bestimmtem, stets gleichbleibendem Gehalt an einer gewissen Substanz. Von dieser enthalten sie im Liter ein Grammäquivalent gelöst, d. h. das Äquivalentgewicht in Grammen.

Das Äquivalentgewicht bedeutet diejenige Menge einer Substanz, welche einem Atom Wasserstoff oder jenem eines anderen einwertigen Elementes äquivalent, d. h. gleichwertig ist. Bei den einwertigen Elementen sind demnach Äquivalent- und Atomgewicht gleichbedeutend.

Als einfachstes Beispiel hierfür diene die Formel des Wassers, OH_2. Hier ist 1 Atom Sauerstoff (= 16 Teilen) 2 Atomen Wasserstoff (= 2 Teilen) äquivalent. Nun bedeutet aber das Äquivalentgewicht einer Substanz die Menge, welche einem Teile Wasserstoff entspricht; somit ist

$$\frac{O\ (16)}{2} = 8$$

das Äquivalentgewicht des Sauerstoffs.

Analog finden wir für den Stickstoff das Äquivalentgewicht

$$\frac{N\ (14)}{3} = 4{,}66.$$

Allgemein ausgedrückt findet man demnach das Äquivalentgewicht eines Elementes, auf Wasserstoff als Einheit (= 1) bezogen, indem man sein Atomgewicht durch die Wertigkeit des Elementes dividiert.

In ähnlicher Weise findet man die Äquivalentgewichte von Körpern, welche aus mehreren Elementen zusammengesetzt sind, beispielsweise der Säuren und Basen.

Die Basizität der Säuren erfährt man durch einwertige Basen, indem ein Molekül einer einbasischen Säure e i n, ein solches einer zweibasischen z w e i Moleküle einer e i n wertigen Base, wie Ätzkali oder Ätznatron, zur Neutralisation nötig hat.

Das Äquivalentgewicht einer Säure ist demnach diejenige Menge, welche von einem Molekül einer einwertigen Base gebunden wird. Folglich findet man das Äquivalentgewicht einer Säure, wenn man ihr Molekulargewicht durch ihre Basizität dividiert.

Beispiel: Schwefelsäure hat das Molekulargewicht = 98, sie ist 2 = basisch, folglich ist das Äquivalentgewicht der Schwefelsäure

$$\frac{98}{2} = 49.$$

Die Wertigkeit der Basen mifst man durch einbasische Säuren, z. B. Salzsäure, HCl.

Analog der Bestimmung der Basizität der Säuren findet man als Äquivalentgewicht einer Base diejenige Menge, welche von einem Molekül einer einbasischen Säure gebunden wird.

Das Äquivalentgewicht einer Base wird daher durch Division ihres Molekulargewichtes durch ihre Wertigkeit ermittelt.

Im folgenden mögen einige Äquivalentgewichte angeführt sein:

Ätzkali (KOH) · · · · · · · · = 56
Ätznatron (NaOH) · · · · · · · · = 40
Salzsäure (HCl) · · · · · · · · = 36,45

Schwefelsäure $\left(\dfrac{SO_4H_2}{2}\right)$ · · · · · = 49

Essigsäure ($C_2H_4O_2$) · · · · · · · · = 60

Krist. Oxalsäure $\left(\dfrac{C_2O_4H_2 + 2H_2O}{2}\right)$ = 63

Natriumkarbonat $\left(\dfrac{CO_3Na_2}{2}\right)$ · · · · = 53

Ammoniak (NH_3) · · · · · · · · = 17.

Im Gegensatz zu Normallösungen besitzen „titrierte Lösungen" nicht einen konstanten Gehalt an einer bestimmten Substanz, sondern sie sind willkürlich hergestellt, und ihr „Wirkungswert" mufs erst ermittelt werden. Derartiger Lösungen bedient man sich stets dann, wenn die betreffenden Substanzen, wie z. B. übermangansaures Kalium u. dergl. m., sich in Lösung nicht längere

Zeit unverändert aufbewahren lassen. Den Wirkungswert (Titer) solcher titrierten Lösungen bezieht man auf bestimmte Substanzen, z. B. Kaliumpermanganatlösungen auf Oxalsäure oder Eisen.

Da für die chemische Tätigkeit der Zollbeamten nur Normal- und $^1/_{10}$ Normallaugen und -säuren in Betracht kommen, so mag deren Herstellung noch etwas näher beschrieben werden.

Herstellung von Normalkalilauge.

Dieselbe enthält im Liter 56 g Kaliumhydroxyd gelöst.

Man wägt diese Menge auf einer genauen Tarierwage auf einem Stück Papier möglichst schnell ab — da Ätzkali sehr hygroskopisch ist und aufserdem begierig Kohlensäure aus der Luft anzieht! — und bringt sie in einen geeichten Literkolben. Nachdem die Substanz in etwa $^1/_2$ Liter ausgekochten (siehe am Ende dieses Abschnittes), also kohlensäurefreien, destillierten Wassers gelöst worden ist, läfst man die sich von selbst erwärmende Lösung auf Zimmertemperatur — etwa 17° — abkühlen und füllt dann bis zur Marke mit kaltem destilliertem Wasser auf. Es gelange nur reinstes, durch Alkohol gereinigtes, trockenes Kaliumhydroxyd zur Verwendung. Das destillierte Wasser mufs vorher nochmals ausgekocht und in einem geschlossenen Gefäfs, gegen die Kohlensäure der Luft geschützt, abgekühlt werden.

$^1/_{10}$ Normalkalilauge wird analog der Normallauge hergestellt und enthält im Liter 5,6 g Kaliumhydroxyd.

Anstatt das Ätzkali abzuwägen, was seine Schwierigkeiten hat, kann man auch eine konzentrierte Kalilauge (kohlensäurefrei), ca. 25 %ig, entsprechend verdünnen.

Zu diesem Zweck mifst man z. B. mit einer Pipette 10 ccm ca. 25 %iger Lauge ab, bringt diese in ein Becherglas, verdünnt mit Wasser und fügt einige Tropfen Phenolphthaleïnlösung hinzu. Nun läfst man aus einer Bürette so lange Normaloxalsäurelösung zufliefsen, bis die Rotfärbung eben gerade wieder verschwindet.

Es seien für die 10 ccm der Lauge 44,65 ccm der Säure nötig gewesen. Diese zeigen aber 44,65 $\times$ 0,056 = 2,5004 g KOH an. Da 2,50 g KOH in 10 ccm enthalten sind, so braucht man, um 56 g KOH zu bekommen, 224 ccm der Lauge, welche dann mit destilliertem Wasser auf 1 Liter aufgefüllt werden.

Durch diese Titration ist aufserdem bewiesen, dafs die verwendete Lauge tatsächlich 25 %ig war.

Die durch direkte Wägung des Kaliumhydroxyds gewonnene Normallauge ist gleichfalls durch mehrfache Titration zu kontrollieren.

Normaloxalsäure. Die Oxalsäure ist durch mehrmaliges Umkristallisieren leicht rein darzustellen. Man verwendet sie deshalb als Grundlage zur Einstellung der anderen Lösungen.

63 g reine kristallisierte Oxalsäure (für $^1/_{10}$ Normaloxalsäure = 6,3 g) werden auf einer Hand- oder Tarierwage möglichst genau abgewogen, in einem geeichten Literkolben in $^1/_2$ Liter destillierten Wassers unter Erwärmen gelöst und nach dem Erkalten bis auf Zimmertemperatur bis zum Eichstrich aufgefüllt. Nach tüchtigem Umschütteln bewahrt man die Lösung in Flaschen mit Glasstopfen auf.

Normalschwefelsäure enthält im Liter 49 g, $^1/_{10}$ Normalschwefelsäure 4,9 g Schwefelsäure. Man verdünnt zu diesem Zwecke konzentrierte Schwefelsäure so, daſs bei der Titration mit Normal- bezw. $^1/_{10}$ Normalkalilauge genau dieselbe Anzahl Kubikzentimeter zur Sättigung verbraucht werden.

Indikatoren.

Über das Wesen der Indikatoren wurde bereits am Anfang des Abschnittes „Maſsanalyse" berichtet. Es mag hier nur die Herstellungsweise der verschiedenen Lösungen noch erwähnt werden.

Die gebräuchlichsten Indikatoren sind:
Phenolphthaleïn,
Lackmus und
Methylorange.

1. Phenolphthaleïn wird in Lösung verwendet, und zwar gewöhnlich zu 1 % in 40—50 %igem Alkohol.

Alkalien und Alkalikarbonate (Soda, Pottasche) geben auf Zusatz dieses Indikators fuchsinrote Lösungen, welche durch kleinste Mengen überschüssiger Säure wieder vollständig entfärbt werden.

So empfindlich dieser Indikator ist, bei der Titration von Ammoniak und auch bei der direkten Bestimmung der Alkalikarbonate ist er nicht verwendbar.

2. Lackmus wird entweder als Tinktur verwendet, oder man tränkt säurefreies Filtrierpapier mit dieser Lösung. Man erhält so das Lackmuspapier. Um die Lackmustinktur herzustellen,

kocht man Lackmus dreimal mit Alkohol (95 %) am Rückflußkühler aus. Das alkoholische Filtrat giefst man weg, oder man gewinnt bei gröfseren Quantitäten den Alkohol durch Abdestillieren wieder. Alsdann wird der Rückstand mehrmals mit destilliertem Wasser ausgekocht, bis er nahezu weifs geworden ist. Die vereinigten wässerigen Auszüge bringt man in einen hohen Glaszylinder, läfst absitzen und dekantiert nach mehreren Stunden vom Bodensatz. Die abgezogene Farblösung wird in einer Schale aufgekocht und so lange mit reiner Salzsäure versetzt, bis die Reaktion neutral bleibt. Zur Haltbarmachung füllt man jetzt die Lackmustinktur in kleine Flaschen, verschliefst sie mit einem Wattebausch und pasteurisiert sie.

Diese Lösung kann direkt zur Herstellung von Lackmuspapier verwendet werden. Man tränkt damit säurefreies Filtrierpapier und läfst die feuchten Bogen an einer Schnur in einem warmen Raum trocknen, welcher frei ist von Säure- und Ammoniakdämpfen. Von der Verwendung von rotem und blauem Lackmuspapier ist man im Laufe der Zeit immer mehr abgekommen.

Bei der Prüfung einer Flüssigkeit mit Lackmuspapier hat man stets daneben mit reinem Wasser die Reaktion zu kontrollieren.

Lackmus wird durch Alkalien blau, durch Säuren rot gefärbt.

3. Methylorange, eine Lösung von 1 g in 1 l destillierten Wassers.

Säuren färben diese Lösung rot, neutrale und alkalische Flüssigkeiten gelb.

Ausführung einer Titration.

Nachdem nun das Wesen der Mafsanalyse, die Apparate und die Lösungen, die dazu benötigt werden, genügend erläutert worden sind, soll die Ausführung einer Titration näher betrachtet werden.

Für die Praxis der Zollbeamten kommt in der Hauptsache nur die Bestimmung der Säuren und Basen in Betracht.

Als Beispiel für erstere gelte der Essig. Er sei auf seinen Gehalt an Essigsäure zu prüfen.

Man mifst mit einer Pipette 10 ccm Essig genau ab, bringt sie in ein Becherglas von etwa 150 ccm Inhalt, verdünnt mit etwa 20—30 ccm destillierten Wassers und fügt 3—5 Tropfen

Phenolphthaleïnlösung hinzu. Aus einer Bürette läfst man nun anfangs $^1/_2$ ccm aufs Mal, gegen das Ende der Reaktion nur noch tropfenweise so lange $^1/_{10}$ Normalkalilauge zufliefsen, bis auf Zusatz eines weiteren Tropfens Lauge eine wenige Minuten anhaltende Rosafärbung der Flüssigkeit eintritt. Man läfst bei dieser Operation mit der linken Hand die Lauge zufliefsen, während die rechte den Inhalt des Becherglases fortwährend umschwenkt bezw. mit einem Glasstabe durchrührt. Bei Büretten mit Kautschukschlauch, wie z. B. die Quetschhahnbüretten usw., achte man vor Beginn der Titration darauf, dafs in dem Stückchen Schlauch zwischen Klemme und Ausflufsspitze keine Luftblase ist, da sonst das Resultat der Bestimmung ein falsches ist. Alsdann liest man die Anzahl Kubikzentimeter $^1/_{10}$ Normalkalilauge ab.

Berechnung: 10 ccm des Essigs verbrauchten zur Neutralisation 22,5 ccm $^1/_{10}$ Normallauge.

1000 ccm Normallauge sättigen das Äquivalentgewicht der Essigsäure in Grammen, d. i. = 60, 1000 ccm $^1/_{10}$ Normallauge folglich = 6,0; demnach entspricht 1 ccm $^1/_{10}$ Normallauge = 0,006 g Essigsäure und die verbrauchten 22,5 $^1/_{10}$ Normallauge = 22,5 × 0,006 = 0,1350 g Essigsäure.

Diese Menge ist in 10 ccm Essig enthalten; folglich entspricht diesem ein Gehalt an Essigsäure von 1,35 %.

Wie die Essigsäure, so lassen sich auch die meisten anderen Säuren, wie Salz-, Schwefel-, Salpeter-, Wein-, Oxalsäure usw., titrimetrisch bestimmen.

Konzentrierte Säuren verdünnt man stets vor der Untersuchung in einem bestimmten Verhältnis und titriert sie dann mit Normal- oder $^1/_{10}$ Normalkali- oder -natronlauge.

In derselben Weise verfährt man bei der mafsanalytischen Bestimmung der Basen. Man mifst je nachdem 5 oder 10 ccm der Base ab, verdünnt mit Wasser, setzt einige Tropfen eines Indikators zu und läfst unter Umschwenken bis zur Endreaktion, also bis die rote Farbe der Lösung eben verschwindet, Normal- oder $^1/_{10}$ Normaloxalsäure oder -schwefelsäure zufliefsen.

1000 ccm Normalschwefelsäure entspr. 56 g KOH oder 40 g NaOH.
1 „   „   „   „ 0,056 „   „   „ 0,04 „   „
1000 „ $^1/_{10}$ „   „ 5,6 „   „   „ 4,0 „   „
1 „   „   „   „ 0,0056 „   „   „ 0,004 „   „

Bei allen alkali- und azidimetrischen Bestimmungen berechne man das Äquivalentgewicht der zu ermittelnden Substanz in Milligrammen und multipliziere diese Zahl mit der verbrauchten Anzahl Kubikzentimeter der betreffenden Normal- oder $^1/_{10}$ Normallösung. Auf diese Weise erfährt man den Gehalt an Säure oder Base in der abgemessenen untersuchten Menge und hat nur noch diesen Wert auf Prozente umzurechnen.

Es würde über den Rahmen dieses Leitfadens hinausgehen, alle Bestimmungsmethoden der Alkali- und Azidimetrie zu beschreiben. Aus demselben Grunde sind auch nicht die Oxydimetrie (die maſsanalytische Bestimmung mittelst Kaliumpermanganats in schwefelsaurer Lösung), die Jodometrie (die Titration mit $^1/_{10}$ Jod-, $^1/_{10}$ Natriumthiosulfat- und $^1/_{10}$ Arsenigsäurelösung) und die Fällungsanalysen eingehend behandelt. Für solche Fälle sei auf die vorzüglichen Spezialwerke der Titrimetrie von Volhard, Mohr usw. verwiesen.

V. Spezielles.

Bestimmung des spezifischen Gewichtes von Flüssigkeiten.

Das spezifische Gewicht ist die Zahl, welche angibt, wieviel mal schwerer oder leichter ein Körper ist als ein gleiches Volum Wasser von 4^0 C.

Da in der Regel die Ausführung der Bestimmung bei dieser Temperatur mit Schwierigkeiten verbunden ist, so wählt man statt 4^0 allgemein 15^0 und gibt dies beim Resultat an.

Die Bestimmung des spezifischen Gewichtes von Flüssigkeiten kann nach einer der folgenden drei Methoden ausgeführt werden:
   1. mit dem Aräometer,
   2. mit der Westphalschen Wage und
   3. mit dem Pyknometer.

I. Die Bestimmung des spezifischen Gewichtes von Flüssigkeiten mit dem Aräometer.

Die einfachste, im Vergleich mit den anderen beiden aber auch bis zu einer gewissen Grenze nicht ebenso genaue Methode ist die mit dem Aräometer (Fig. 34).

Im Prinzip besteht dieses Instrument aus einer beiderseitig geschlossenen Glasröhre, deren oberer Teil in der Regel verjüngt, der untere breiter ist und eine kleine Menge Quecksilber oder Schrotkügelchen enthält.

Das Aräometer sinkt bis zu einer bestimmten Marke ein, d. h. so weit, bis die von ihm verdrängte Flüssigkeitsmenge gleich dem Gewicht des ganzen Aräometers ist.

Die Senkwagen, Spindeln, und wie diese Instrumente sonst noch genannt werden mögen, teilt man in verschiedene Gruppen ein. Jene, welche direkt die Volumina ersehen lassen, aus welchen Ablesungen man dann durch Rechnung das spezifische Gewicht ermittelt, heifsen Volumeter. Die Skalenaräometer und Densimeter geben auf ihrer Skala direkt das gesuchte spezifische Gewicht an. Zu speziellen Zwecken dienen endlich die Aräometer mit willkürlicher Skala und die Prozentaräometer.

1. Volumeter. Die älteste Spindel dieser Art wurde von Gay-Lussac konstruiert, und zwar in zweierlei Form, die eine zur Bestimmung des spezifischen Gewichtes von Flüssigkeiten, welche schwerer als Wasser sind, und die andere für leichtere. Bei den ersteren endigt die Skala mit dem Teilstrich 100, d. i. der Punkt, bis zu welchem die Spindel in Wasser von $+ 4^0$ C. einsinkt. Ist eine Flüssigkeit nun schwerer als Wasser, so sinkt das Volumeter nicht so weit ein, z. B. nur bis 70. Dies bedeutet demnach, dafs 70 Volumeinheiten dieser Lösung ebenso viel wiegen wie 100 Wasser.

Um das spezifische Gewicht zu erfahren, hat man nur 100 durch die gefundene Zahl, hier 70, zu dividieren.

$$s = \frac{100}{70} = 1{,}428.$$

Um das spezifische Gewicht von spezifisch leichteren Flüssigkeiten als Wasser zu ermitteln, mufs die Teilung über 100 hinausgehen. Bei diesen Spindeln wird, um sie handlich zu machen, der Teilstrich 100 auf die Weise tiefer gelegt, dafs die Skala erst mit 50 (entsprechend dem spezifischen Gewicht $\frac{100}{50} = 2$) beginnt.

Fig. 34.

Auf demselben Prinzip wie die Volumeter von Gay-Lussac beruhen jene von Balling und Brix. Diese unterscheiden sich von jenen nur durch eine genauere Einteilung, indem Balling den Teilstrich für Wasser auf 200, Brix denselben auf 400 setzt. Infolgedessen entspricht 1 Grad Gay-Lussac = 2 Graden Balling = 4 Graden Brix.

Für die Umrechnung der Grade des Volumeters in das spezifische Gewicht hat man in allen Fällen die Zahl für das Wasser, also entweder 100, 200 oder 400, durch die Anzahl der abgelesenen Grade zu dividieren.

2. Die Skalenaräometer geben auf ihrer Skala direkt das spezifische Gewicht an. Ihre Form und Anwendung ist die gleiche wie bei den anderen Spindeln.

3. Die Aräometer mit willkürlicher Skala. Hierher gehören jene von Beck, Cartier und das speziell zur Bestimmung des spezifischen Gewichts von konzentrierter Schwefelsäure viel gebrauchte Aräometer von Baumé.

Im allgemeinen entspricht bei diesen Spindeln der Nullpunkt dem spezifischen Gewichte = 1,000, während die Endmarke ein willkürliches spezifisches Gewicht angibt. Der Zwischenraum zwischen diesen beiden Punkten ist in gleiche Teile, ebenfalls Grade genannt, eingeteilt. In der Regel existieren auch hier für schwerere und leichtere Flüssigkeiten zwei verschiedene Instrumente.

Auf die Baumé schen Aräometer älterer Konstruktion, welche mit 15 %iger Kochsalzlösung und bei verschiedenen Graden Réaumur geeicht sind, sei hier nicht näher eingegangen. Es sei vielmehr nur für jene neuerer Konstruktion bemerkt, dafs deren Nullpunkt beim spezifischen Gewicht 1, der Endpunkt der Skala bei 66, entsprechend dem spezifischen Gewicht der konzentrierten englischen Schwefelsäure = 1,842, liegt. Diese Zahlen gelten für eine Beobachtungstemperatur von 15° Celsius.

Die Umrechnung der Aräometergrade nach Baumé in spezifisches Gewicht erfolgt nach der Formel

$$s = \frac{144,3}{144,3 - n},$$

wo n die Anzahl Baumégrade bedeutet.

4. In die grofse Gruppe der Prozentaräometer gehört eine ganze Reihe von Spindeln, welche für die verschiedensten Flüssigkeiten hergestellt worden sind. Erwähnt seien hier die Laktodensimeter, Saccharimeter, Oleometer, Essigwagen und noch andere mehr. Für die Zollbeamten kommen die eben aufgeführten Instrumente nicht in Betracht, wohl aber die Alkoholometer und die Extraktwagen. Es mag daher auf dieselben etwas näher eingegangen werden.

Diese Instrumente sind aus Glas gefertigt und bestehen aus dem unteren bauchigen Ende, welches mit Quecksilber oder Bleischrot beschwert ist, und aus dem dünnen Halse, welcher die Skala enthält. Sie geben nicht, wie die früher beschriebenen

Aräometer, das spezifische Gewicht der Flüssigkeiten an, sondern vielmehr direkt den Gehalt derselben an einer bestimmten Substanz oder für den wichtigsten Bestandteil einer Lösung. Die Angaben erfolgen in Gewichts- oder Volumprozenten.

Vor jeder Spindelung überzeuge man sich genau von der Einteilung der Spindel, denn bei den Alkoholspindeln stehen z. B. die höheren Grade am oberen Ende, während dies bei den Extraktwagen umgekehrt ist. Auf diese Weise wird ein Fehler durch falsches Ablesen vermieden werden.

Die Spindeln sind stets rein und trocken zu verwenden. Zur Ausführung einer Spindelung bringt man die alkoholhaltige Flüssigkeit bezw. die Extraktlösung in einen genügend weiten Glaszylinder. Dieses Eingiefsen hat langsam zu geschehen, damit tunlichst wenig Blasen entstehen. Jetzt läfst man die Spindel vorsichtig in die Flüssigkeit gleiten, indem man dem Einsinken nachgibt und dafür Sorge trägt, dafs die Spindel nicht tiefer eintaucht als erforderlich. Wird nämlich der aus der Flüssigkeit herausragende Teil auch benetzt, so sinkt die Spindel dementsprechend tiefer ein, und man erhält ein falsches Resultat. Hat sich die Spindel beruhigt, so achte man vor der Ablesung darauf, dafs sie in der Mitte schwimmt und nicht an einer Wand des Zylinders anliegt.

Das Ablesen geschieht in der Weise, dafs man das Auge in dieselbe Höhe mit der Flüssigkeitsoberfläche bringt und denjenigen Teilstrich abliest, wo diese den Hals der Spindel durchschneidet.

Um alle Korrekturen zu vermeiden, führt man die Spindelungen stets bei 15^0 C aus. Zu diesem Zweck stellt man die in einem Kolben befindliche Flüssigkeit in einen Eimer mit Wasser von 15^0 C und giefst erst dann, nach etwa einer Viertelstunde, den Kolbeninhalt in den Glaszylinder.

II. Die Bestimmung des spezifischen Gewichtes von Flüssigkeiten mit der Westphalschen Wage (Fig. 35).

Westphal hat die ursprüngliche Form der Mohrschen Wage in eine handlichere umgewandelt. Während jene eine gleicharmige Wage war, an deren linkem Arme sich ein Schälchen befand zur Aufnahme der Gewichte, die zur Tarierung des Senkkörpers in der Luft nötig waren, hat Westphal den linken Arm der Wage verkürzt und an Stelle der Tariergewichte ein Balanciergewicht angebracht.

In der Hauptsache besteht die Westphalsche Wage aus einem ausziehbaren Stativ, um dessen Höhe beliebig verändern zu können, dem Balken, der ein ungleicharmiger Hebel ist, dem Senkkörper und aus den Reitergewichten.

Der Balken ist von seiner Achse bis zum Aufhängepunkt in zehn gleiche Teile eingeteilt. Als Gewichte dienen Reiterchen aus Messing und Platin. Das Gewicht, welches, am Teilstrich 10 aufgehängt, das Gleichgewicht des in Wasser von 15 ° C eingetauchten Senkkörpers wiederherstellt, ist $= 1,0$, bedeutet an jener Stelle also eine ganze Zahl. Wird dasselbe Häkchen auf einen anderen Teilstrich aufgesetzt, so entspricht es hier $= {}^1/_{10}$ des Gewichtes am Teilstrich 10, also $= 0,1$; 0,2 bis 0,9. Die Differenz im Gewicht hängt somit beim gröfsten Reiter nur davon ab, ob er auf Teilstrich 10 ($= 1,0$) oder auf den anderen Teilstrichen 1, 2, 3 ($= 0,1$, 0,2, 0,3 usw.) sitzt. Es folgen dann dünnere Häkchen, entsprechend ${}^1/_{10}$, ${}^1/_{100}$ usw. des Gewichtes des gröfsten Reiters. Der Senkkörper ist aus Glas, etwa 4 cm lang und ist zugleich Thermometer. Er wird mittelst eines Platindrahtes am Wagebalken angehängt.

Fig. 35.

Bei der Ausführung der Bestimmung achte man darauf, dafs der Apparat horizontal steht, dafs also die Spitzen bei a sich genau gegenüberstehen. Ist die Wage vollkommen im Gleichgewicht, dann stellt man den Glaszylinder mit der betreffenden Flüssigkeit unter das Ende des eingeteilten Wagebalkens, läfst den Senkkörper langsam in die Flüssigkeit gleiten und hängt ihn schliefslich an dem Haken fest. Er sei bis über die Drahtöse d eingetaucht und befinde sich genau in der Mitte des Zylinders. Jetzt sucht man den scheinbaren Gewichtsverlust auszugleichen und bringt den gröfsten Reiter auf den Teilstrich 10. Ist das Gewicht zu grofs, so setzt man denselben Haken der Reihe nach auf die anderen Teilstriche, z. B. auf 6; 7 wäre zuviel. Nun nimmt man den nächst dünneren Haken und findet den Teilstrich 8 als geeigneten Platz. Bis jetzt wäre also das spezifische Gewicht 0,68. Dieses ist aber noch zu leicht; nun sucht man wieder mit dem nächst dünneren Häkchen von 1 an die richtige Stelle usw., bis schliefslich die Wage einspielt, d. h. vollständig im Gleichgewicht ist. Es kommt oft vor, dafs an einen und denselben Teilstrich zwei oder drei Häkchen zu hängen kommen; in diesem Fall befestigt man immer das leichtere am schwereren.

Im übrigen sei auf die jeder Wage beigegebene Gebrauchsanweisung hingewiesen.

III. Die Bestimmung des spezifischen Gewichtes von Flüssigkeiten mit dem Pyknometer (Fig. 36).

Diese Methode gehört zu den genauesten von allen.

Es mag davon abgesehen werden, hier alle die verschiedenen Pyknometerformen zu beschreiben, vielmehr sei gestattet, das einfachste Pyknometer eingehender zu behandeln.

Diese Pyknometerkölbchen sind mit einem ziemlich langen engen Halse versehen, der oben wieder etwas weiter wird. Meistens sind die Kölbchen für 50 g Wasser von 15° C. geeicht und zeigen im Halse die entsprechende Marke.

Fig. 36.

Mit der zu prüfenden Flüssigkeit füllt man das Kölbchen bis ein wenig über die Marke an, verschliefst mit einem Kork oder dem Glasstöpsel und stellt das Pyknometer samt Inhalt 20—30 Minuten in ein Gefäfs mit Wasser von 15° C. Nach dieser Zeit nimmt man das Instrument aus dem Wasser, indem man es am leeren Teile des Halses mit zwei Fingern anfafst, um eine Erwärmung des Inhaltes durch die Hand zu vermeiden. Mit einem in eine feine Kapillare ausgezogenen Glasröhrchen nimmt man so viel von der Flüssigkeit heraus oder gibt eventuell so viel hinzu, bis der Meniskus gerade die Marke berührt. Um den leeren Hals des Instrumentes vollkommen trocken zu bekommen, fertigt man ein Röllchen aus feinem Filtrierpapier und reibt damit den Hals, dabei das Pyknometer immer oben zwischen zwei Fingern haltend, bis obenhin aus. Dann verschliefst man wieder, wischt aufsen das Kölbchen sorgfältig mit einem Tuch ab und wägt dasselbe nach einiger Zeit, nachdem es wieder Zimmertemperatur angenommen hat, auf einer analytischen Wage. Wurde hierbei z. B. 49,7534 gefunden, so ist das Gewicht der Flüssigkeit:

$$s = \frac{49,7534}{50} = 0,99\dot{5}068.$$

Das Refraktometer.

Ein Apparat, welcher bei der Untersuchung von vielen Stoffen zur vorläufigen Orientierung oft wertvolle Anhaltspunkte gibt, ist

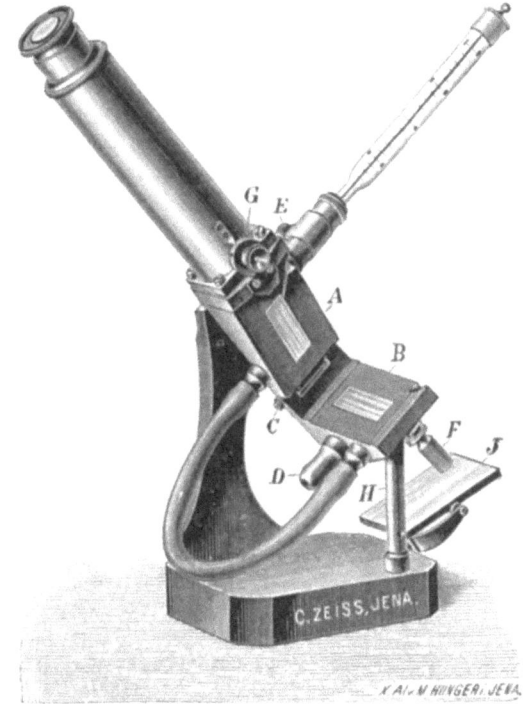

Fig. 37.

das Refraktometer (Fig. 37). Es existiert in verschiedenen Konstruktionen. Hier sei nur das von C. Zeiſs in Jena nach den Angaben von Abbé speziell zur Untersuchung von Fetten und Ölen konstruierte Instrument beschrieben. Eine ausführliche

Erklärung des Apparates ist wohl nicht nötig, da jedem Refraktometer eine genaue Gebrauchsanweisung beigegeben ist. Gewöhnlich wird die Refraktion des betreffenden Fettes bei einer Temperatur von 25° oder 40° C abgelesen, zu welchem Zwecke das Prisma durch Zuleiten von erwärmtem Wasser auf die gewünschte Temperatur gebracht und während der Ablesungen daselbst erhalten wird. Das Fett wird geschmolzen, durch ein trockenes Filter in einem kleinen Heifswassertrichter oder im Trockenschrank filtriert und flüssig vermittelst eines Glasstabes auf die eine Hälfte des aufgeklappten Prismas gebracht. Ist diese gleichmäfsig damit bestrichen, so wird das Prisma zugeklappt und durch das Fernrohr die Refraktion abgelesen, nachdem man sich vorher davon überzeugt hat, dafs das Thermometer eine konstante Temperatur anzeigt. Der Spiegel wird so gestellt, dafs im Fernrohr ein vollkommen helles Gesichtsfeld entsteht und die Refraktion des Fettes oder Öles durch eine scharfe Linie an der Skala angezeigt wird. Es sind immer mehrere Ablesungen auszuführen und aus diesen die Mittelwerte zu ziehen. Nach dem Gebrauch wird das Prisma vermittelst eines weichen Läppchens oder eines Stückchens Seidenpapier von dem Fett gereinigt.

Die Polarisation.

Auf das Wesen der Polarisation näher einzugehen, würde aufserhalb des Rahmens dieses Büchleins liegen. Die genaue wissenschaftliche Erklärung findet sich aufserdem in jedem Lehrbuche der Physik. Hier sei nur erwähnt, dafs der Polarisationsapparat dazu dient, polarisiertes Licht zu erzeugen und Licht auf seine Schwingungsebenen zu prüfen.

Bei natürlichem Lichte finden die Schwingungen der Ätherteilchen in transversalen Wellenbewegungen, also senkrecht zur Fortpflanzungsrichtung, und zwar in allen Ebenen statt. Als Modell hierfür gelte eine Flaschenbürste. Bei geradlinig polarisiertem Lichte erfolgen dagegen die Schwingungen nur in einer Ebene. Dieses polarisierte Licht wird bei den Polarisationsapparaten durch Nicolsche Prismen erzeugt. Die Apparate besitzen in der Regel zwei solcher Prismen, den Polarisator, welcher das geradlinig polarisierte Licht erzeugt, und den Analysator, welcher die Schwingungsebene desselben ermittelt.

Bei geradlinig polarisiertem Lichte ist das Gesichtsfeld — der

Analysator — dunkel, wenn die Nicols gekreuzt sind. Es wird aber wieder hell, wenn zwischen Polarisator und Analysator gewisse Substanzen eingeschaltet werden, z. B. eine mit einer Zuckerlösung gefüllte Glasröhre, eine senkrecht zur optischen Achse geschnittene Quarzplatte usw. Um jetzt das Gesichtsfeld wieder zu verdunkeln, muſs man den Analysator um einen bestimmten Winkel drehen. Solche Körper, welche also die Polarisationsebene drehen, nennt man optisch aktive. Man unterscheidet rechtsdrehende Körper, wenn die Drehung im Sinne des Uhrzeigers erfolgt — durch ein „+-Zeichen" angedeutet —, und linksdrehende im umgekehrten Falle, durch „—" gekennzeichnet. Hat die Substanz aber auf das polarisierte Licht überhaupt keinen Einfluſs, so ist sie optisch inaktiv, wie Wasser, Glas, usw.

Verschiedene Substanzen, hierher gehören u. a. Traubenzucker, frisch invertierter Rohrzucker usw., zeigen im Polarisationsapparat unmittelbar nach der Herstellung der Lösung eine gröſsere Drehung als nach einigem Stehen. Man stellt deshalb solche Lösungen 24 Stunden beiseite oder erhitzt sie kurze Zeit auf 100^0. Auf diese Weise wird die Drehung richtig und konstant bleibend gefunden. Diese Erscheinung nennt man Birotation.

Als Lichtquelle beim Polarisieren wendet man jezt fast allgemein gelbes Licht, die Natriumflamme, an. Man stellt sich dieselbe in der Weise her, daſs man Chlornatrium (Kochsalz) schmelzt, pulverisiert und an einer Platindrahtöse in die nichtleuchtende Bunsenflamme bringt. Man könnte ebensogut Lithiumlicht anwenden; jedoch der einfacheren Beobachtungsweise wegen bedient man sich stets homogenen und nicht weiſsen Lichtes. Das natürliche weiſse Licht ist nämlich eine Sammelfarbe, aus den sogenannten Regenbogenfarben zusammengesetzt. Beim Arbeiten mit diesem Licht erhält man daher nach dem Einlegen der drehenden Substanz in den Polarisationsapparat niemals Dunkelheit für den Analysator, sondern beim Drehen desselben stets ein anders gefärbtes Gesichtsfeld und somit für jede Farbe einen anderen Wert. Unter diesen verschiedenen Färbungen tritt Violett am schärfsten hervor. Bei weiſsem Licht stellt man deshalb auf Violett ein, was jedoch immerhin einige Übung erfordert. Bei der schriftlichen Darlegung muſs stets angegeben werden, bei welchem Licht die Polarisation eines Stoffes ausgeführt wurde; z. B. bei gelbem Licht ist der Polarisationswinkel:

$$\alpha_D = x^0.$$

Spezielles. 55

Zur Ausführung der Polarisation von Flüssigkeiten füllt man diese in Glasröhren von verschiedener Länge. Für gewöhnlich benützt man das 200-mm-Rohr. Diese Polarisationsröhren sind aus Glas und besitzen an beiden Enden Messingfassungen, auf welche zuerst die planparallelen Glasplättchen gelegt und dann die Schraubenmuttern nur schwach aufgeschraubt werden. Bei zu starkem Aufpressen würden die Glasplättchen doppeltbrechend und somit auch optisch aktiv. Zwischen Glasplatte und Schraubenmutter liegt ein Gummiring. Beim Füllen der Röhren ist Sorge zu tragen, daſs keine Luftblasen mit hineinkommen. Bei den Röhren älterer Konstruktion gibt man daher von der Flüssigkeit nach dem Füllen noch einige Tropfen zu, damit eine konvexe Oberfläche entsteht. Nun schiebt man das Glasplättchen horizontal über das abgeschliffene Ende der Röhre. Neuerdings sind die Polarisationsröhren derart konstruiert, daſs sich das Glasrohr oben und unten ein wenig erweitert. Sollten daher beim Einfüllen trotz aller Vorsicht Luftbläschen mit hineingekommen sein, so sammeln sie sich bei horizontaler Lage der Röhren in der Erweiterung und stören den polarisierten Lichtstrahl nicht im mindesten. Vor bezw.

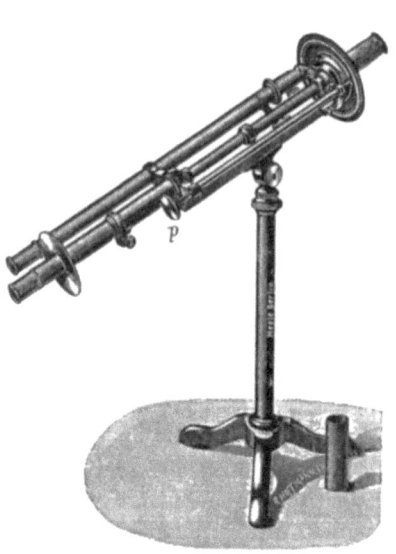

Fig. 38.

nach dem Einfüllen darf ein gründliches Durchschütteln der zu untersuchenden Flüssigkeit nicht unterlassen werden, da sich sonst in der Röhre Schlieren, das sind Schichten von verschiedener Dichtigkeit, bilden, welche eine ungleichmäſsige Helligkeit des Gesichtsfeldes bewirken. Vor und nach jedem Gebrauche sind die Polarisationsröhren, beide Schraubenmuttern, Glasplättchen und Gummiringe gut zu reinigen.

Von den verschiedenen Polarisationsapparaten sei hier nur die Handhabung des Wildschen Polaristrobometers (Fig. 38) eingehender beschrieben.

Zuerst bestimmt man den Nullpunkt, indem man eine leere Röhre in den Apparat legt, auf die Natriumflamme einstellt und das Okular so lange verschiebt, bis das Fadenkreuz scharf zu sehen ist. Dreht man jetzt den Polarisator mittelst des Knopfes p, so läfst sich eine Stellung finden, wo das helle Gesichtsfeld von einer Anzahl schwarzer paralleler Linien, den sogenannten Interferenzstreifen, durchzogen ist. Bei weiterem Drehen verschwinden dieselben allmählich, und man gelangt an einen Punkt, wo nur noch rechts und links diese Streifen sichtbar sind, während in der Mitte das Gesichtsfeld streifenfrei ist. Diesen Punkt nimmt man als Nullpunkt an. Bei gut justierten Apparaten fällt der auf diese Weise ermittelte mit dem Nullpunkt der Einteilung zusammen. Dreht man den Polarisator noch weiter, so werden die Streifen immer schärfer bis zu einer Drehung von 45^0, von da an wieder schwächer und verschwinden bei 90^0 vollständig. In einem Zwischenraume von 45^0 wechseln die Erscheinungen derart, dafs bei 0^0, 90^0, 180^0 und 270^0 die Interferenzstreifen verschwunden sind, während sie bei 45^0, 135^0, 225^0 und 315^0 am deutlichsten sind.

Nachdem also der Polarisator auf den Nullpunkt eingestellt ist, legt man die mit der zu polarisierenden Flüssigkeit gefüllte Röhre in den Apparat. Jetzt erscheinen die Interferenzlinien aufs neue, und dies erklärt sich dadurch, dafs beim Durchgange durch die optisch aktive Flüssigkeit die Polarisationsebene um einen bestimmten Winkel gedreht wurde. Um diesen zu erfahren, dreht man jetzt den Analysator so weit, bis die Interferenzstreifen wieder verschwinden, und liest an der Kreiseinteilung die Anzahl Grade ab. War die zu polarisierende Substanz in der Röhre rechtsdrehend, so mufs die Kreisscheibe nach links gedreht werden und umgekehrt. Gewöhnlich läuft die Einteilung im Sinne des Uhrzeigers. Rechtsdrehende Stoffe zeigen dann die Grade 1, 2, 3 usw., linksdrehende die Grade 359, 358, 357 usw. an der Kreisscheibe an.

Bestimmung des Erstarrungspunktes von Fetten.

Um bei chemischen Stoffen einen Anhaltspunkt für ihre Reinheit zu gewinnen, bestimmt man ihren Schmelzpunkt. Bleibt dieser bei einer Substanz nach öfterem Umkristallisieren aus einem oder verschiedenen Lösungsmitteln konstant, so kann daraus mit einiger Sicherheit auf die Abwesenheit anderer Stoffe, also von Verunreinigungen, geschlossen werden. Der Schmelzpunkt läfst sich bei Substanzen, welche in Pulverform übergeführt werden können, leicht bestimmen. Ganz anders ist dies bei Fetten oder fettähnlichen Gemengen. Die Schwierigkeiten bei der Bestimmung des Schmelzpunktes von Fetten haben die Veranlassung dazu gegeben, nicht den Schmelzpunkt der Fette selbst, sondern des aus denselben leicht herzustellenden Fettsäuregemisches zu bestimmen. Da diese Methode ziemlich umständlich und zeitraubend ist und auch einige Übung in chemischen Arbeiten erfordert, so ist für zolltechnische Untersuchungen die Bestimmung des Erstarrungspunktes, speziell der verschiedenen Talgsorten, für die Zollbehörden vorgeschrieben worden.

Diese amtliche Bestimmung des Erstarrungspunktes von Talg geschieht in einem Apparat nach Finkener (Fig. 39). Derselbe besteht aus einem Holzkasten, in welchem sich der zur Aufnahme des geschmolzenen Talges bestimmte Glaskolben befindet, dessen Kugel einen Durchmesser von ca. 50 mm hat. In den Hals des Kolbens ist ein Thermometer eingeschliffen, in dessen Schliff eine Rinne läuft, um die Luft aus dem Kolben entweichen zu lassen. Auf diese Weise herrscht über dem Fette immer Atmosphärendruck. Der Kolben steht in dem Kasten auf einer ausgehöhlten Korkunterlage und wird durch das Thermometer, welches durch zwei Ausschnitte im Deckel des Kastens herausschaut, in senkrechter Lage gehalten. Das

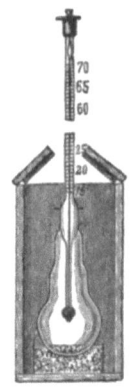

Fig. 39.

Thermometer geht bis zu 75° C und ist in Fünftelgrade eingeteilt.

Von dem zu untersuchenden Fette schmelzt man eine Durchschnittsprobe von 150 g in einer Porzellanschale auf dem siedenden Wasserbade und läfst sie nach dem Schmelzen noch eine halbe Stunde darauf stehen. Nachdem die Schale aufsen abgetrocknet worden ist, füllt man von dem geschmolzenen Fette an einem Glasstabe entlang, damit der Schliff sauber bleibt, das Kölbchen bis zur Marke. Nun wird das Thermometer eingesetzt, das verschlossene Kölbchen sofort in den Kasten gebracht und die Deckelhälften zugeklappt. Wenn das Thermometer auf 50° gesunken ist, wird mit dem Ablesen begonnen, und zwar alle zwei Minuten der Stand des Quecksilbers aufgeschrieben.

Bei weichen Talgsorten bleibt das Thermometer nach einiger Zeit auf einem Punkte wenige Minuten stehen. Dies ist der Erstarrungspunkt. Nachher sinkt das Quecksilber langsam weiter. Bei hartem Talg ist gleichfalls ein Zeitpunkt zu beobachten, wo das Thermometer gleichbleibt; danach steigt aber das Quecksilber wieder. Hier bedeutet dieser höchste Stand den Erstarrungspunkt. Nachher sinkt auch hier die Temperatur wieder.

Nach Beendigung der Untersuchung stellt man das Kölbchen in heifses Wasser, giefst nach vollständigem Schmelzen das Fett aus und spült das Kölbchen mehrere Male mit Äther aus.

Sollten über das Resultat der Untersuchung nach dieser zolltechnischen Vorschrift Meinungsverschiedenheiten bestehen, so ist der Erstarrungspunkt der aus dem betreffenden Talg gewonnenen Fettsäuren durch einen Chemiker zu bestimmen.

Nachweis von Stärke in Fafstalg.

Häufig kommt Fafstalg in den Handel, welcher erhebliche Mengen von Stärkemehl enthält. Um dieses nachzuweisen, erhitzt man eine haselnufsgrofse Menge des Talges mit Wasser in einem Reagenzglase und zerteilt diese möglichst vollständig durch kräftiges Schütteln. Auf Zusatz von Jod-Jodkaliumlösung (siehe „Botanischer Teil" dieses Buches!) entsteht eine intensive Blaufärbung, die bald verschwindet, solange die Flüssigkeit noch zu heifs ist, die aber nach dem Erkalten wiederkehrt und dann bestehen bleibt. Die Reaktion ist sehr empfindlich!

Bestimmung des Traubenzuckers durch Titration mit Fehlingscher Lösung.

Diese Methode beruht darauf, dafs Fehlingsche Lösung durch Traubenzucker reduziert wird, indem die blaue Farbe derselben in Rot oder Gelbrot übergeht unter Abscheidung von Kupferoxydul bezw. Kupferoxydulhydrat. Die Titration gibt aber nur dann richtige Resultate, wenn die verwendete Zuckerlösung nicht ganz 1 %ig ist. Wird bei einer Bestimmung die Fehlingsche Lösung vollständig entfärbt, so ist sie zu wiederholen, und zwar nach entsprechender Verdünnung der Zuckerlösung.

Da die Fehlingsche Lösung sich nur sehr kurze Zeit unverändert aufbewahren läfst, so mischt man sie immer erst vor dem Gebrauche aus den beiden folgenden Lösungen, welche getrennt aufzubewahren sind.

I. **Kupfersulfatlösung**: 34,64 g reines Kupfersulfat werden genau abgewogen und in heifsem Wasser gelöst. Nach dem Erkalten auf Zimmertemperatur füllt man auf 500 ccm auf.

II. **Seignettesalzlösung**: 173,0 g reines Seignettesalz (Kalium-Natriumtartrat) und 50 g Ätznatron (Natriumhydroxyd) werden in heifsem Wasser gelöst und die erkaltete Lösung auf 500 ccm verdünnt.

Von diesen beiden Lösungen mischt man gleiche Volumina, um die gebrauchsfertige **Fehling**sche Lösung zu erhalten.

Zur Untersuchung einer Lösung auf ihren Zuckergehalt verdünnt man sie nötigenfalls so weit, bis sie etwa 1 % Zucker enthält, und füllt sie in eine Bürette von 50 ccm Inhalt. In ein entsprechend grofses **Erlenmeyerkölbchen** mifst man 20 ccm **Fehling**sche Lösung und 80 ccm Wasser ab und erhitzt zum Sieden. Zu dieser siedendheifsen Lösung läfst man dann von der Zuckerlösung zufliefsen, und zwar am Anfang einen, dann einen halben Kubikzentimeter aufs Mal, schliefslich nur noch tropfenweise. Nach jedesmaligem Zusatz kocht man auf, läfst absitzen und beobachtet die Farbe der über dem Niederschlag stehenden Flüssigkeit. Ist diese noch deutlich blau, so fehlt es an Zuckerlösung. Wenn die Reaktion dem Ende nahe ist, oder vorteilhaft schon von Anfang an, stellt man den Kolben auf weifses Papier, um den Farbenumschlag besser zu sehen. Ist die Flüssigkeit farblos geworden, oder setzt sich das Kupferoxydul nicht gut zu Boden, wie dies bei schleimigen zuckerhaltigen Harnen oft der Fall ist, so filtriert man einige Tropfen ab, säuert mit verdünnter Essigsäure an und fügt wenig Ferrocyankaliumlösung zu. Bei Gegenwart von Kupfer entsteht je nach dessen Menge eine rosarote bis dunkelrote Färbung oder ein rotbrauner Niederschlag von Ferrocyankupfer.

Ein anderer Kontrollversuch ist folgender. Man filtriert in zwei Reagenzgläser je etwa 5 ccm von dem Inhalt des Kochkolbens, bringt in das eine einige Tropfen „Fehling", in das andere von der Zuckerlösung (nicht aus der Bürette!) und kocht auf. Entsteht im ersten Reagenzglase eine gelbrote Trübung oder ein Niederschlag, so war zuviel Zuckerlösung zugesetzt worden. Im anderen Falle war noch Fehlingsche Lösung vorhanden, man mufste also noch von der Zuckerlösung zufliefsen lassen, um die

Reaktion zu Ende zu führen. Jede Titration ist zwei bis dreimal auszuführen. Schliefslich liest man die Anzahl der verbrauchten Kubikzentimeter der Zuckerlösung ab.

20 ccm Fehlingscher Lösung in der Verdünnung 20 + 80 Wasser werden von rund 0,1 g Traubenzucker reduziert. Diese Menge ist demnach in der abgelesenen verbrauchten Zuckerlösung enthalten; folglich hat man nur noch auf die Gesamtmenge der in Arbeit genommenen Substanz und alsdann auf Prozente umzurechnen.

Zuckerhaltige gefärbte Lösungen entfärbt man erst, indem man sie mit einem Teelöffel voll feiner Tierkohle auf etwa die Hälfte in einer Porzellanschale eindampft, in ein 50- oder 100-ccm-Kölbchen filtriert und mit heifsem Wasser auswäscht. Um möglichst allen Zucker aus der Tierkohle herauszubekommen, läfst man immer das Filter vollkommen ablaufen und gibt erst dann wieder heifses Wasser darauf. Nach dem Erkalten füllt man auf den Eichstrich auf und bringt davon einen aliquoten Teil in die Bürette.

Die Inversion.

Enthält eine Flüssigkeit Rohrzucker, so mufs diese Zuckerart zuvor in Lävulose und Dextrose gespalten, d. h. sie mufs invertiert werden. Rohrzucker läfst sich nämlich nicht direkt mit Fehlingscher Lösung titrieren, weil er dieselbe nicht reduziert. Invertzucker, ein Gemisch von Lävulose und Dextrose, reduziert dagegen „Fehling" und kann daher titriert werden.

Diese Inversion kann entweder mit konzentrierter oder verdünnter Säure ausgeführt werden. Wesentliche Momente bei dieser Manipulation sind folgende: Der Inhalt des Kolbens ist nach dem Erhitzen sofort abzukühlen und zu neutralisieren. Dann werden die Bestimmungen meistens recht genau ausfallen.

Bei der Inversion mit verdünnter Säure erhitzt man z. B. 100 ccm einer höchstens 1 %igen Zuckerlösung im 250-ccm-Kolben mit 25 ccm $^1/_{10}$ Normalsalzsäure eine halbe Stunde lang im kochenden Wasserbade, kühlt sofort ab und versetzt mit 25 ccm $^1/_{10}$ Normalnatronlauge. Nach dem Auffüllen mit kaltem destilliertem Wasser auf 250 ccm verwendet man nach dem Umschütteln einen aliquoten Teil zur Titration.

Die Inversion mit konzentrierter Säure geschieht in der Weise, dafs man 70 ccm der Zuckerlösung mit 5 ccm konzentrierter Salzsäure (spez. Gewicht 1,19) fünf Minuten auf 68—70° erwärmt, sofort abkühlt, neutralisiert und auf 100 ccm auffüllt.

Die bei der Titration von invertierten Rohrzuckerlösungen gefundenen Zuckermengen multipliziert man endlich mit 0,95, um den titrierten Invertzucker auf Rohrzucker umzurechnen.

Nachweis von Zucker in Schmiermitteln, Fettgemischen, Kitten usw.

Um Zucker in zähen Substanzen, z. B. Kitt, qualitativ nachzuweisen — denn um eine quantitative Zuckerbestimmung in solchen Gemischen wird es sich nie handeln — bringt man die betreffende Masse in kleinen Portionen in etwa die 5—10 fache Menge heifsen Wassers. Nachdem der Kolben durch einen Korken verschlossen worden ist, schüttelt man einige Zeit tüchtig durch unter zeitweiligem Lüften des Korken. Schliefslich stellt man den Kolben einige Zeit beiseite, eventuell mit der Öffnung nach unten, da sich dann, besonders bei fettartigen Gemengen, die unlöslichen Stoffe oben sammeln. Bei vorsichtigem Öffnen des Korken läfst sich der wässerige Auszug bequem ausgiefsen. Man filtriert durch ein angefeuchtetes Faltenfilter. Von diesem Filtrat bringt man etwa 10 ccm in ein Reagenzglas, fügt ungefähr 20 Tropfen „Fehling" zu und kocht auf. Sehr geringe Mengen Zucker rufen hierbei noch eine grünlichgelbe Färbung, gröfsere eine rote Fällung hervor.

Nachweis von Fett in Schmiermitteln usw.

Zum Nachweise von Fett in Gemengen mit anderen Stoffen zerkleinert man diese, oder zähflüssige Substanzen trägt man in kleinen Portionen in Äther, welcher sich in etwa zehnfacher Menge von der zu untersuchenden Materie in einem Erlenmeyerkölbchen befindet. Nach wiederholtem kräftigem Umschütteln bei zeitweiligem Lüften des Stopfens filtriert man den Äther durch ein trockenes Faltenfilter in ein anderes Kölbchen, in welchem sich etwa 5—10 g trockenes Chlorcalcium befinden. Auf diese Weise schüttelt man die auf Fett zu prüfende Masse zwei- bis dreimal mit Äther aus und filtriert diese Auszüge alle durch dasselbe Filter in das andere Kölbchen. Hierin läfst man nach einigem Umschütteln die ätherischen Auszüge mehrere Stunden stehen und filtriert abermals durch ein trockenes Filter allmählich den Inhalt des Kolbens auf ein gröfseres Uhrglas, welches sich auf einem heifsen Wasserbade ohne Flamme oder im Sommer in der Sonne befindet. Nachdem der Äther verdampft ist und ebenso die durch die Verdunstungskälte des Äthers aus der Luftfeuchtigkeit stammenden Wassertröpfchen, ist der Nachweis von Fett erbracht, wenn man mit dem Finger auf dem Uhrglase einen fettartigen Strich erzeugen kann.

Arabisches Gummi und Dextrin.

Die Zollbeamten kommen öfters in die Lage, zu entscheiden, ob bei einer Ware Gummi (arabisches, zum Kleben!) oder Dextrin vorliegt. Wenn die Unterscheidung auch meistens unschwer mit dem blofsen Auge getroffen werden kann, so ist es in vielen Fällen doch erwünscht, genauere Anhaltspunkte für die Identifizierung der vorliegenden Waren zu haben.

Im folgenden seien einige Reaktionen angeführt, welche den Unterschied zwischen arabischem Gummi und Dextrin unzweifelhaft erkennen lassen.

1. Etwa 5—6 ccm einer mäfsig dünnen Gummilösung werden mit ungefähr 6 Tropfen Ammoniummolybdatlösung und 2 Tropfen reiner Salpetersäure versetzt und aufgekocht. Bei reinem Gummi tritt keine Reaktion ein, liegen scharf getrocknetes Gummi oder eine alte Lösung vor, so entsteht eine bläulich schimmernde Flüssigkeit, bei Dextrin dagegen eine blaue Färbung.

2. Auf Zusatz von Oxalsäurelösung wird Gummilösung milchig trübe, während Dextrinlösung klar bleibt.

3. Wird eine konzentrierte Gummilösung mit Eisenchloridlösung versetzt, so gelatiniert sie alsbald; Dextrinlösung dagegen bleibt flüssig.

VI. Qualitative Analyse.

Im folgenden sei ein kurzer Gang der qualitativen Analyse gegeben, nach welchem es auch dem in chemischen Arbeiten weniger Geübten nicht allzu schwer fallen wird, die wichtigeren Metalle voneinander zu trennen und dieselben zu identifizieren. Wie schon am Anfange dieses Leitfadens erwähnt wurde, soll derselbe kein ausführliches wissenschaftliches Buch sein, sondern er soll vor allen Dingen dem Zollbeamten die praktische Seite seiner chemischen Tätigkeit möglichst erleichtern. Es sei deshalb auch hier von allem Überflüssigen abgesehen, damit die Übersicht über die einzelnen Trennungen nicht allzusehr verwischt wird.

Da es sich bei der qualitativen Analyse im Bereiche der Zolltätigkeit wohl in der Hauptsache um Legierungen, gelegentlich vielleicht auch um einfachere andere chemische Stoffe handelt, so sei hier nicht näher eingegangen auf all die verschiedenen Vorprüfungen mit dem Lötrohre, auf das Glühen im Röhrchen usw. Es seien vielmehr nur verschiedene charakteristische Flammenfärbungen erwähnt, welche sehr oft einen Fingerzeig bilden für den Gang der Analyse.

Zu diesem Zweck glüht man zuerst einen Platindraht, in einen Glasstab eingeschmolzen, in der nichtleuchtenden Flamme des Bunsenbrenners so lange aus, bis er der Flamme absolut keine Färbung mehr erteilt. Unter Umständen dauert dies eine halbe Stunde und noch länger. Diesen auf solche Weise behandelten Draht befeuchtet man mit der zu untersuchenden Substanz, indem man ihn in die mit wenig konzentrierter Salzsäure angerührte Masse eintaucht. Mit diesem Ende bringt man ihn alsdann in den äufseren Kegel der nichtleuchtenden Bunsenflamme.

Da die Salze der einzelnen Metalle nicht in derselben Weise flüchtig sind, so glüht man einige Minuten, um die nacheinander auftretenden Färbungen zu beobachten.

Es färben die Flamme:

Natrium . . gelb   Baryum . . . grün
Lithium . . purpurrot, Strontium . . rot
Calcium . . gelbrot   Kupfer. . . . blaugrün
Kalium . . violett.

Um Kalium neben der intensiven Natriumfarbe erkennen zu können, betrachtet man diese Flammenfärbung durch ein Kobaltglas.

Die Auflösung einer Substanz in einem Lösungsmittel ist bereits am Anfange dieses Leitfadens ausführlich beschrieben worden; ebenso wurde das Aufschliefsen der unlöslichen Substanz angeführt. Genauere Angaben über diese letztere Manipulation finden sich in jedem Spezialwerk der qualitativen Analyse. Es mag daher direkt zur Trennung der einzelnen Metalle bezw. Metallgruppen geschritten werden.

Zuvor sei eine kurze Übersicht gegeben, wie die einzelnen Metalle der Reihe nach ausgefällt werden und mit welchen Fällungsmitteln:

Gruppe	Fällungsmittel	Metalle
I.	Salzsäure	Silber, Blei, Quecksilber.
II.	Schwefelwasserstoff. . .	Quecksilber, Blei, Wismut, Kupfer, Kadmium, Arsen, Antimon, Zinn.
III.	Ammoniak.	Eisen, Aluminium, Chrom, Mangan.
IV.	Schwefelammonium . . .	Zink, Mangan, Nickel, Kobalt.
V.	Ammoniumkarbonat . . .	Baryum, Strontium, Calcium.
VI.	Kein gemeinsames Fällungsmittel	Magnesium, Kalium, Natrium, Lithium.

Nach der Fällung eines Niederschlages hat man stets einen Kontrollversuch auszuführen, d. h. man setzt dem Filtrat von dem Fällungsmittel nochmals zu und beobachtet, ob wieder ein Niederschlag entsteht. Ist dies der Fall, so behandelt man das gesamte Filtrat wiederholt mit dem betreffenden Reagens, bis alle Metalle vollständig ausgefällt sind. Erst dann geht man zur Fällung der nächsten Gruppe über.

Man verwendet, um nicht zu grofse Flüssigkeitsmengen zu erhalten, bei einer qualitativen Analyse jeweils nur das Filtrat von dem Niederschlag. Das Waschwasser wird weggegossen.

Niederschläge sammelt man stets auf glatten Filtern, niemals auf Faltenfiltern, da sie sich hier nicht in genügender Weise auswaschen lassen.

Um einen Niederschlag vom Filter loszubekommen, breitet man dieses samt Inhalt auf einer Glas- oder Porzellanplatte aus und kann so den Niederschlag mit einem Glasstabe leicht vom Papier entfernen.

I. Gruppe. Blei, Silber, Quecksilber.

Die Lösung der zu untersuchenden Substanz in Wasser wird mit verdünnter Salzsäure in geringem Überschufs versetzt. War, um das Salz, die Legierung usw. in Lösung zu bringen, eine gröfsere Menge Salzsäure, Salpetersäure oder gar Königswasser nötig, so ist diese Lösung vor der Prüfung auf die I. Gruppe mehrere Male mit Wasser einzudampfen, bei Gegenwart von Salpetersäure oder Königswasser bis zur Trockne, um die überschüssige Säure zu verjagen.

Entsteht auf Zusatz von Salzsäure ein Niederschlag, so wird er abfiltriert, ausgewaschen und in heifsem Wasser gelöst. Diese Lösung enthält das Blei und wird in kleinen Portionen mit verdünnter Schwefelsäure — weifser Niederschlag (Bleisulfat), Schwefelwasserstoffwasser — schwarzer Niederschlag (Bleisulfid), Jodkaliumlösung — gelber Niederschlag (Bleijodid) versetzt. Ist viel Blei vorhanden, so kristallisiert das Bleichlorid aus.

Bleibt beim Auskochen des Niederschlages mit Wasser ein Rückstand, so erwärmt man ihn mit Ammoniakflüssigkeit und filtriert. Im Filtrat weist man das Silber nach, welches nach dem Übersättigen mit verdünnter Salpetersäure — die Flüssigkeit mufs deutlich sauer reagieren! — als weifser Niederschlag ausfällt. Ein schwarzer Rückstand nach der Behandlung mit Ammoniak deutet auf Quecksilber. Man löst ihn in Königswasser auf, verdampft auf dem Wasserbade beinahe zur Trockne, nimmt mit einigen Kubikzentimetern Wasser auf und teilt diese Lösung in zwei Teile.

    a) Bringt man einige Tropfen davon auf ein blankes Kupferblech, so entsteht ein grauweißer Fleck, welcher beim Erwärmen verschwindet — Quecksilber.

    b) Man versetzt den anderen Teil der Lösung mit überschüssiger Zinnchlorürlösung. Ein weißer, beim Erhitzen grau werdender Niederschlag zeigt ebenfalls Quecksilber an.

II. Gruppe. Quecksilber, Blei, Wismut, Kupfer, Kadmium, Arsen, Antimon, Zinn.

Die bei dieser Gruppe zu fällenden Metalle werden in zwei Abteilungen getrennt, und zwar:

    a) in Schwefelammon unlöslich: Quecksilber, Blei, Kupfer, Wismut, Kadmium.

    b) in Schwefelammon löslich: Arsen, Antimon, Zinn.

Das Filtrat vom Niederschlag der I. Gruppe erwärmt man auf etwa 60—70° und leitet bis zum Erkalten Schwefelwasserstoffgas ein, unter öfterem Umschütteln und so lange, bis die Flüssigkeit intensiv danach riecht. Den Niederschlag filtriert man ab und wäscht ihn mit Schwefelwasserstoffwasser nach. Das Filtrat prüft man mit eben diesem Reagens, ob tatsächlich auch alle Metalle der II. Gruppe gefällt worden sind. Entsteht keine Braunfärbung und auch kein Niederschlag mehr, so kann das Filtrat direkt zur Fällung der Metalle der III. Gruppe verwendet werden; im anderen Falle ist es nochmals mit Schwefelwasserstoffgas zu sättigen. Den erhaltenen Niederschlag untersucht man auf die Metalle Arsen, Antimon und Zinn, indem man einen Teil desselben in einem Reagenzglase mit gleichen Mengen Ammoniak und Schwefelammon schwach erwärmt und das Filtrat mit verdünnter Salzsäure bis zur sauren Reaktion versetzt. Entsteht hierbei ein gelber bis braunroter Niederschlag, so ist das ganze Filtrat mit Ammoniak und Schwefelammon zu behandeln, bei einer milchig weißen Fällung dagegen nicht, da diese nur von einer Schwefelabscheidung herrührt.

Sind Metalle der Abteilung b vorhanden, so sind sie im Filtrate vorhanden, während im Filterrückstand nach der Behandlung mit Schwefelammon die Metalle Quecksilber, Blei, Kupfer, Wismut und Kadmium zugegen sind.

Zur Prüfung auf die **Gruppe a** erhitzt man den in Schwefelammon unlöslichen Teil des Schwefelwasserstoffniederschlages in einem Becherglase mit verdünnter Salpetersäure (1 Teil konzentrierte, 25 %ige + 2 Teile Wasser!) so lange, bis keine roten Dämpfe mehr entweichen. Nach dem Verdünnen mit wenig Wasser wird filtriert. Der Rückstand enthält neben Schwefel Quecksilbersulfid, das Filtrat Blei, Kupfer, Wismut und Kadmium als Nitrate.

Der schwarze Rückstand wird nach den früheren Angaben auf Quecksilber untersucht.

Das Filtrat versetzt man mit verdünnter Schwefelsäure. Scheidet sich nach längerem Stehen ein weifser Niederschlag aus, so ist **Blei** nachgewiesen.

Das Filtrat hiervon übersättigt man stark mit Ammoniak. Bei Gegenwart von **Kupfer** geht die hellblaue Farbe der Flüssigkeit in tiefes Dunkelblau über. Ein weifser Niederschlag zeigt **Wismut** an. Er wird abfiltriert, mit heifsem Wasser ausgewaschen und in wenig heifser verdünnter Salzsäure gelöst. Dieser Lösung wird wenig Zinnchlorürlösung, dann Natronlauge im Überschufs zugegeben und erhitzt. Bei Gegenwart von Wismut entsteht ein schwarzer Niederschlag.

Ist das Filtrat vom Wismut blau gefärbt, ist also Kupfer zugegen, so setzt man bis zur völligen Entfärbung Cyankaliumlösung zu und leitet dann Schwefelwasserstoff ein; im anderen Falle geschieht dies sofort, ohne Zusatz von Cyankali. **Kadmium** fällt als gelber Niederschlag aus.

Die Metalle der Abteilung b sind in der Schwefelammonlösung. Dieselbe wird mit Salzsäure bis zur sauren Reaktion versetzt, die ausgeschiedenen Sulfide abfiltriert und nach dem Abpressen zwischen Filtrierpapier mit konzentrierter Salzsäure so lange gekocht, bis keine Schwefelwasserstoffentwicklung mehr zu beobachten ist (Bleipapier — Braunfärbung!). Dann wird mit Wasser verdünnt und filtriert.

Das Filtrat A läfst man mit einigen Stückchen Zink so lange stehen, bis keine Wasserstoffentwicklung mehr zu sehen ist. Die ausgeschiedenen schwarzen Flocken werden auf einem kleinen Filter abfiltriert, ausgewaschen und mit wenig konzentrierter Salzsäure schwach erwärmt. Nach dem Verdünnen wird filtriert.

Die Lösung enthält das Zinn, welches durch Quecksilberchloridlösung als weißer, beim Erhitzen grau werdender Niederschlag nachgewiesen wird. Die in Salzsäure unlöslichen schwarzen Flocken löst man in Königswasser, verdampft zur Trockne und leitet in die schwach salzsaure Lösung Schwefelwasserstoffgas. Eine rotbraune Fällung zeigt Antimon an.

Um den Rückstand B — nach der Behandlung der abgepreßten Sulfide mit konzentrierter Salzsäure — auf Arsen zu prüfen, dampft man ihn in einem Porzellanschälchen auf dem Wasserbade mit konzentrierter Salpetersäure fast zur Trockne und löst den Rückstand in wenig heißem Wasser auf. Nach dem Filtrieren übersättigt man mit Ammoniak und versetzt mit Magnesiamischung. Bei Gegenwart von Arsen entsteht nach längerem Stehen ein weißer, kristallinischer Niederschlag.

III. Gruppe. Eisen, Chrom, Aluminium, Mangan.

Das Filtrat vom Niederschlag der II. Gruppe wird so lange gekocht, bis kein Schwefelwasserstoff mehr entweicht (Bleipapier). Nur wenn eine Probe dieses Filtrates mit Ferricyankaliumlösung eine Blaufärbung oder einen blauen Niederschlag hervorruft, kocht man mit etwa 3 ccm rauchender Salpetersäure zur Oxydation des Eisens einige Minuten lang. Alsdann gibt man wenig Salmiaklösung und Ammoniak im Überschuß hinzu. Ein Niederschlag wird abfiltriert und nach dem Auswaschen mit heißem Wasser in wenig Salzsäure gelöst. Diese Lösung versetzt man im Überschuß (Lackmuspapier!) mit Natronlauge und filtriert nach dem Aufkochen.

Im Filtrat weist man durch überschüssige Salmiaklösung beim Kochen das Aluminium als weißen Niederschlag nach.

Einen Teil des in Natronlauge unlöslichen Rückstandes schmelzt man auf einem Platinblech mit Salpeter und Soda (je etwa eine Messerspitze voll!) zusammen. Chrom gibt hierbei eine gelbe, Mangan eine grüne Schmelze. Bei Gegenwart beider Metalle ist die Schmelze grün gefärbt. Sie wird in heißem Wasser gelöst und diese Lösung filtriert. Falls Mangan nicht vorhanden ist, übersättigt man die gelbe Flüssigkeit mit Essigsäure und versetzt mit Bleiazetatlösung. Chrom fällt hierbei als gelber Niederschlag (Bleichromat!) aus. Den in Wasser unlöslichen Rückstand der Schmelze löst man in heißer verdünnter

Salzsäure auf und prüft nach der Verdünnung mit wenig Wasser einen Teil der Lösung mit Rhodankaliumlösung, den anderen mit Ferrocyankalium. Eisen, in erheblicher Menge vorhanden, ruft hierbei eine intensiv rote bezw. blaue Färbung hervor.

Auf alle Fälle hat man zuerst den in Natronlauge unlöslichen Rückstand auf Phosphorsäure und Oxalsäure zu prüfen. Man löst deshalb einen Teil desselben in verdünnter Salpetersäure und erwärmt die eine Hälfte dieser Lösung mit Ammonmolybdatlösung auf etwa 40^0. Ein gelber Niederschlag deutet auf Phosphorsäure. Die andere Hälfte kocht man mit überschüssiger Natriumkarbonatlösung und filtriert heifs. Das Filtrat säuert man mit Essigsäure an und fügt eine Lösung von Chlorcalcium hinzu. Oxalsäure gibt hierbei einen weifsen Niederschlag.

Bei Gegenwart von Phosphorsäure erhitzt man den Niederschlag der III. Gruppe in einem Porzellanschälchen mit wenig konzentrierter Salpetersäure bis zum Sieden und trägt in kleinen Mengen Zinn in Körnern oder als Folie ein. Dann dampft man auf dem Wasserbade beinahe bis zur Trockne und kocht den Rückstand mit salpetersäurehaltigem Wasser aus. Das Filtrat hiervon prüft man nochmals auf Phosphorsäure. Gibt Ammonmolybdat noch einen gelben Niederschlag, so ist noch nicht alle Phosphorsäure ausgefällt, und die Behandlung mit Salpetersäure und Zinn ist so lange zu wiederholen, bis dies erreicht ist.

Aus dem schliefslich phosphorsäurefreien Filtrat fällt man nach früheren Angaben mit Salmiaklösung und Ammoniak das Eisen, Chrom und Mangan aus und untersucht das Filtrat hiervon auf Calcium, Baryum, Strontium und Magnesium, da diese Metalle als Phosphate bei der III. Gruppe gefällt werden.

Auf die Trennung der Metalle bei Gegenwart von Oxalsäure, Kieselsäure und Fluorwasserstoff sei hier nicht eingegangen, sondern in dieser Richtung nur auf Spezialwerke verwiesen.

IV. Gruppe. Zink, Mangan, Kobalt, Nickel.

Von dem Filtrat des Niederschages der III. Gruppe prüft man einen kleineren Teil mit Schwefelammon. Entsteht hierbei ein Niederschlag, so untersucht man das gesamte Filtrat auf die Metalle der IV. Gruppe; im anderen Falle geht man sofort zur V. Gruppe über.

Das Filtrat von der III. Gruppe wird mit Schwefelammonium zum Kochen erhitzt und filtriert. Ein braun gefärbtes Filtrat deutet schon auf Nickel. In diesem Falle kocht man das gefärbte Filtrat so lange mit Essigsäure in geringem Überschufs (Lackmuspapier!), bis es klar filtriert. Den hierbei erhaltenen Niederschlag vereinigt man mit dem anderen gröfseren, wäscht ihn sofort mit wenig Schwefelwasserstoffwasser nach und läfst ihn alsdann mit stark verdünnter kalter Salzsäure kurze Zeit stehen.

Das Filtrat hiervon kocht man bis zur vollständigen Entfernung des Schwefelwasserstoffs und schüttelt mit Natronlauge im Überschufs tüchtig durch. Man filtriert und schmelzt einen erhaltenen Niederschlag in der früher angegebenen Weise mit Salpeter und Soda. Eine grüne Schmelze beweist die Gegenwart von Mangan. Im Filtrat weist man das Zink mit Schwefelammonium oder nach dem Ansäuern mit Essigsäure durch Schwefelwasserstoff als weifsen Niederschlag nach, welcher sich hauptsächlich beim Erhitzen gut abscheidet.

Ein in der kalten verdünnten Salzsäure unlöslicher schwarzer Niederschlag wird in Königswasser gelöst, die Lösung auf dem Wasserbade fast zur Trockne verdampft, mit wenig Wasser aufgenommen und die Flüssigkeit auf Kobalt und Nickel in folgender Weise geprüft.

Den einen Teil versetzt man mit Essigsäure und sodann mit einer konzentrierten Kaliumnitritlösung. Bei Anwesenheit von Kobalt entsteht nach längerem Stehen ein gelber Niederschlag.

Den anderen Teil neutralisiert man mit Sodalösung und fügt dann so viel Cyankaliumlösung hinzu, dafs ein sich bildender Niederschlag sich eben gerade wieder löst. Sodann versetzt man mit ziemlich viel Natriumhypochloritlösung und darauf mit Natronlauge im Überschufs und erhitzt zum Sieden. Ein schwarzer Niederschlag zeigt Nickel an.

V. Gruppe. Calcium, Baryum, Strontium.

Das Filtrat vom Niederschlage der IV. Gruppe kocht man längere Zeit mit Ammoniumkarbonat. Einen Niederschlag filtriert man ab, wäscht ihn gut aus und löst ihn in wenig verdünnter Salzsäure. Diese Lösung bringt man in eine kleine Porzellanschale, dampft auf dem Wasserbade zur Trockne. Das zerriebene Pulver wird wiederholt mit absolutem Alkohol ausgezogen und durch ein trockenes Filter filtriert.

Der Rückstand, welcher auf dem Filter bleibt, wird am ausgeglühten Platindraht in der nichtleuchtenden Bunsenflamme auf

Baryum (grüne Flammenfärbung!) geprüft oder in wässeriger Lösung mit Kaliumchromat — gelber Niederschlag.

Das Filtrat wird mehrere Male mit wenig konzentrierter Salpetersäure zur Trockne verdampft, mit siedendem Alkohol ausgezogen und filtriert. Das Filtrat hiervon dampft man wiederum zur Trockne, löst den Rückstand in Wasser und versetzt diese Lösung mit Ammoniak und Ammoniumoxalat. Ein weifser Niederschlag rührt von Calcium her.

Den in Alkohol unlöslichen Rückstand prüft man am Platindraht in der Bunsenflamme auf Strontium (Rotfärbung) oder mit Calciumsulfatlösung — weifser Niederschlag.

VI. Gruppe. Magnesium, Kalium, Natrium, Lithium.

Das Filtrat vom Niederschlag der V. Gruppe dampft man in einer Porzellanschale auf dem Wasserbade auf etwa 20 ccm ein. Erhält man in einer kleinen Probe dieser konzentrierten Lösung mit Ammoniak und Natriumphosphat einen weifsen, kristallinischen Niederschlag, so ist Magnesium zugegen.

Ist Magnesium nicht zugegen, so verdampft man den Rest der eingeengten Lösung zur Trockne und glüht diesen Rückstand in einem Tiegel so lange, bis keine Dämpfe mehr entweichen. Den Glührückstand löst man in einigen Kubikzentimetern salzsäurehaltigen Wassers und teilt diese Lösung in mehrere Teile. Den einen derselben versetzt man mit Platinchlorid und Alkohol. Ein gelber Niederschlag, der sich nach längerem Stehen kristallinisch ausscheidet, zeigt Kalium an.

Zu einem anderen Teile der Lösung gibt man Kalilauge in geringem Überschufs (einige Tropfen! — Lackmuspapier!) und wenig klare Kaliumantimoniatlösung. Bei Gegenwart von Natrium entsteht ein weifser Niederschlag.

Lithium ist nachgewiesen, wenn der Glührückstand die Bunsenflamme purpurrot gefärbt hat.

Ist Magnesium aber vorhanden, so verdampft man das übrige eingeengte Filtrat vom Niederschlage der V. Gruppe zur Trockne, glüht in einem Tiegel, kocht diesen Rückstand mit Ätzbaryt und filtriert noch heifs. Das Filtrat fällt man in der Siedehitze mit Ammoniumkarbonat, filtriert, dampft zur Trockne, glüht und untersucht den Glührückstand, wie angegeben, auf Kalium, Natrium und Lithium.

Anhang.

Prüfungen auf Ammoniak und die bekanntesten Säuren.

Um eine Substanz auf Ammoniak zu prüfen, erhitzt man sie im Reagenzglase mit überschüssiger Natronlauge. Hierdurch wird aus Ammonsalzen Ammoniak freigemacht, welches an seinem Geruche erkannt wird und an der vorübergehenden Blaufärbung von angefeuchtetem Lackmuspapier.

Kohlensäure entweicht als farbloses Gas aus allen Karbonaten auf Zusatz von verdünnter Salzsäure unter Aufbrausen. Man giefst von dem Gase wie von einer Flüssigkeit aus dem Reagenzglase in ein anderes, in welchem sich Barytwasser befindet, und schüttelt dieses um. Eine starke Trübung zeigt Kohlensäure an.

Schwefelsäure gibt beim Erhitzen mit Chlorbaryum einen weifsen Niederschlag, ebenso deren Salze bei Gegenwart von freier Salzsäure.

Salzsäure. Man übersättigt die wässerige Lösung der zu untersuchenden Substanz mit Salpetersäure, setzt Silbernitratlösung hinzu und kocht auf. Bei Gegenwart von Salzsäure entsteht ein weifser Niederschlag, welcher sich in überschüssigem Ammoniak leicht löst.

Phosphorsäure. Dieser Nachweis wurde schon bei der qualitativen Analyse beschrieben.

Salpetersäure. Eine sehr empfindliche Reaktion auf diese Säure ist die sogen. Ferrostickoxydreaktion.

Man vermischt die mit verdünnter Schwefelsäure angesäuerte Lösung der Substanz mit der gleichen Menge einer kalt gesättigten Ferrosulfatlösnng und schichtet diese Mischung vorsichtig über reine konzentrierte Schwefelsäure, welche sich in einem anderen Reagenzglase befindet. Bei Anwesenheit von Salpetersäure entsteht an der Berührungsfläche der beiden Schichten ein rotbrauner Ring oder eine braune Zone.

Salizylsäure. Die wässerige Lösung derselben wird mit Eisenchlorid violett.

Borsäure. In einem Porzellanschälchen rührt man die betreffende Substanz mit einigen Kubikzentimetern konzentrierter Schwefelsäure an, fügt Alkohol (96 %) hinzu, rührt nochmals durch und entzündet diesen. Eine grüngesäumte Flamme deutet auf das Vorhandensein von Borsäure.

Oder man trocknet die schwach salzsaure Lösung der Substanz auf einem Uhrglase auf dem Wasserbade mit Curcumapapier ein. Bei Gegenwart von Borsäure färbt sich dieses Papier rot und wird beim Betupfen mit Sodalösung oder mit Ammoniak blau.

Botanischer Teil.

I. Einleitung.

Das neue Zollgesetz stellt an die mit der Ausführung betrauten Beamten in viel höherem Grade als früher die Anforderung, die zur Abfertigung einlaufenden Waren nach botanisch-mikroskopischen Gesichtspunkten und Methoden zu beurteilen, welche meistens nicht ohne weiteres und nicht zuverlässig durch Selbststudium erworben und ausgeführt werden können.

In manchen Fällen sind auch die Unterschiede so geringe und die mikroskopischen Bilder und chemisch-mikroskopischen Reaktionen so ähnliche, dafs nur eine ganz eingehende Untersuchung und genaue Kenntnis der Eigenschaften der in Frage kommenden Stoffe eine zuverlässige Beurteilung ermöglichen. Die Beurteilung eines Stoffes (Rohstoff einer Pflanzenfaser z. B.) wird häufig noch dadurch besonders erschwert, dafs das Alter und der Zustand der Pflanzen oder der Tiere, von denen die Fasern stammen, sowie die Bearbeitung der Rohfaser oft erhebliche Unterschiede eines und desselben Materials bedingen.

Die Beschreibung der mikroskopischen, chemischen und mikrochemischen Methoden und Unterscheidungsmerkmale umfafst möglichst vollständig alle in den verschiedensten Industriezweigen zur Verwendung gelangenden Faserstoffe. Seltenere, noch wenig in Betracht kommende Faserstoffe sind zum Teil nur ganz kurz erwähnt. Die Methoden selbst sind tunlichst den Forderungen der Praxis angepafst, und nur solche haben Aufnahme gefunden, die wirklich einwandfreie Resultate ermöglichen. Da, wo wir heute noch keine zuverlässigen Methoden besitzen, ist dies bei der Beschreibung ausdrücklich erwähnt. Die im Inhaltsverzeichnis angegebene „Kritik der technischen Methoden" (S. 170) unterzieht die wenigen bisher angewandten chemisch-mikroskopischen Methoden (Ölprobe, Kaliprobe, Brennprobe usw.) einer Würdigung. Im

VII. Abschnitt sind die charakteristischen Eigenschaften einiger wichtigen Produkte der Landwirtschaft und ihrer Nebengewerbe besprochen, sofern sie bei einer etwaigen zollamtlichen Abfertigung in Frage kommen.

Soweit irgend angängig, sind alle beschriebenen Stoffe durch Abbildungen erläutert, die zum Teil Werken der einschlägigen Literatur entnommen, zum Teil nach selbstangefertigten mikroskopischen Bildern hergestellt sind. Typische Veränderungen unter dem Einfluſs der Reagentien sind ebenfalls, soweit angängig, durch Zeichnungen wiedergegeben. In Anbetracht der Wichtigkeit des Verhaltens der Fasern im polarisierten Lichte sind die Unterschiede der Bilder kurz angegeben.

Von der Wiedergabe dieser Bilder ist Abstand genommen worden, da die Untersuchung im polarisierten Lichte in den allermeisten Fällen infolge Mangels an Apparaten nicht wird ausgeführt werden können.

II. Die zur Untersuchung der Gespinstfasern nötigen Apparate und Reagentien.

a) Das Mikroskop.

Zur Ausführung der botanisch-chemischen Untersuchungen ist ein gutes Mikroskop, ausgerüstet mit einigen der gewöhnlichsten Nebenapparate, eine unerläfsliche Bedingung. Diese Nebenapparate, wie Revolvereinrichtung, Irisblende und Okular- und Objektivmikrometer, erleichtern das Arbeiten ganz wesentlich und ersparen vor allem viel Zeit. Sehr empfehlenswerte Instrumente liefert R. Winkel in Göttingen. Die gröfste und bekannteste, aber auch teuerste optische Werkstätte ist die von Carl Zeifs in Jena. Die Jenenser Instrumente sind aber auch von hervorragender Güte. Aufser den beiden genannten Firmen gibt es noch eine Anzahl anderer, die ebenfalls recht brauchbare Mikroskope liefern. Die nachfolgende Erklärung des Mikroskopes stützt sich auf eine Abbildung aus Hager-Mez „Das Mikroskop und seine Anwendung". Die angegebenen Preise beziehen sich auf Winkelsche Instrumente.

Die Abbildung (Fig. 40) zeigt ein solches Instrument, welches in ähnlicher Ausführung bei R. Winkel mit Revolvereinrichtung, jedoch ohne Okular und Objektiv, für 148 Mk. erhältlich ist. Ohne Getriebe für die grobe Tubuseinstellung und ohne Revolvereinrichtung, mit einfacherem Beleuchtungsapparat, liefert die genannte Firma ein solches Stativ schon für 58—62 Mk.

Ein Mikroskop setzt sich aus folgenden Teilen zusammen: Auf dem Untergestell, dem Fufse (*F*) erhebt sich die Säule (*G*) (in der Abbildung nur zu einem geringen Teile sichtbar). Zwischen beiden befindet sich der Objekttisch (*T*), welcher in der Mitte ausgeschnitten ist, damit das Licht hindurchtreten kann. Über die Säule des Mikroskopes ist eine Führungshülse geschoben (*P*), welche an einem festen geschweiften Arme eine andere Hülse trägt, welche dem Tubus *(Tu)* als Führung dient. Dieser Tubus wird in der Führungshülse durch zwei Schraubengetriebe auf- und abwärts bewegt. Zur groben Einstellung der Objekte dient eine Schiene *(Z)*, welche durch zwei seitlich angebrachte Schrauben bewegt wird. Zur feinen, letzten Einstellung dient eine Mikrometerscheibe *(Mi)*. Diese Schraube gestattet Drehungen, welche den Tubus vom Bruchteile eines Millimeters heben und senken. Zur Beleuchtung des Objektes ist unterhalb des Tisches ein nach jeder Richtung drehbarer zweiseitiger Spiegel *(s)* angebracht. Zur Erzielung verschiedener Lichtstärken ist derselbe auf der einen Seite eben und auf der anderen Seite ausgehöhlt. Zur Regulierung der Lichtzufuhr befindet sich zwischen dem Spiegel und dem Objekttisch ein Blendenapparat *(B)*. Diesem Blendenapparat hat man sehr verschiedene Formen gegeben. Man hat Glockenblenden, das ist eine glockenförmige Scheibe mit mehreren Öffnungen verschiedener Weite. Die Scheibe ist um einen Stift an der Tischunterseite drehbar. Ferner benutzt man auch kurze Hülsen, in welche die Blendenscheibe mit der gewünschten Lochweite eingelegt wird. Die Hülsen (Blendenträger) werden in einen Führungsring eingelegt oder auch direkt von unten in die Tischplatte geschoben. Am bequemsten sind die sogenannten Irisblenden *(B)*, welche aus einer Anzahl sichelförmiger im Kreise angeordneter Metallstreifen bestehen. Durch eine Bewegung des äußeren Knopfes bei *b* schieben sich die Streifen zentrisch auseinander, so

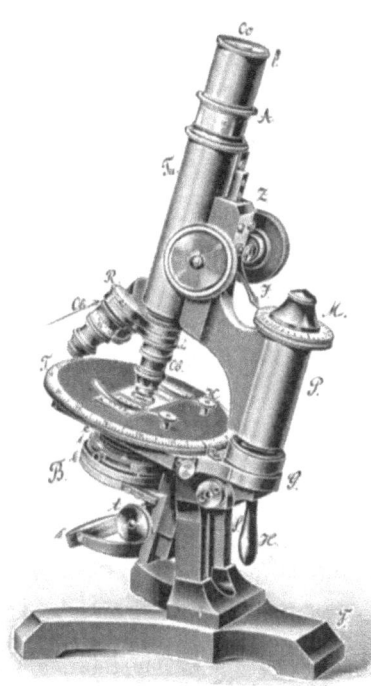

Fig. 40. Großes Mikroskop.

dafs man eine Lichtöffnung von beliebiger Weite jederzeit herstellen kann. Zur Sichtbarmachung der mikroskopischen Objekte dienen zwei Linsensysteme, von denen das obere das Okular (Oc) heifst (weil es dem Auge des Beschauers am nächsten ist) und das untere, dem Objekt zugewandte, Objektiv (Ob) genannt wird. Die Objektive sind der bequemen Handhabung wegen häufig an eine drehbare Scheibe, den Revolver (R), angeschraubt. Diese Einrichtung erleichtert das Auswechseln der Objektive sehr. Durch das Zusammenwirken dieser beiden Linsensysteme wird das Objekt dem Auge sichtbar gemacht und vergröfsert. Sowohl das Okular als auch das Objektiv sind jedes für sich ein System mehrerer Linsen, welche aber in ihrer Wirkung als zwei einfache Linsen mit gemeinsamer optischer Achse gedacht werden können. Ausführlich auf die Entstehung der Bilder einzugehen, würde zu weit führen. Es mag genügen, ein schematisches Bild des Strahlenganges und der Bildkonstruktion wiederzugeben. (Ausführliches darüber findet man bei Hager-Mez, Das Mikroskop und seine Anwendung.) In der Zeichnung (Fig. 41),

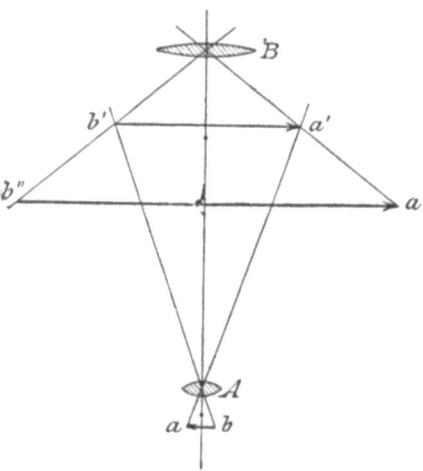

Fig. 41. Bild des Strahlenganges.

welche dem genannten Buche von Hager-Mez entnommen ist, ist A die Objektivlinse, B die Okularlinse. $a—b$ ist das Objekt. Das Objektiv besitzt eine relativ kurze Brennweite; bei mikroskopischen Arbeiten kommt daher das Objekt $a—b$ stets aufserhalb der Brennweite zu liegen, es entsteht bei $a'—b'$ ein **umgekehrtes, reelles und vergröfsertes** Bild. Dadurch, dafs das erzeugte Bild zwischen das Okular und den Okularbrennpunkt fällt, wird das Bild nochmals vergröfsert ($a''—b''$) und dem Auge sichtbar gemacht. Wir sehen also im Mikroskop jedes untergelegte Objekt vergröfsert und umgekehrt und müssen daher bei der Orientierung einzelner Organe zueinander stets bedenken, dafs das, was wir z. B. rechts liegen sehen, tatsächlich links liegt.

Der Abbesche Beleuchtungsapparat, eine Linse zur Lichtverstärkung, sowie die Objektivsysteme, welche unter Anwendung von Öl benutzt werden, die sogenannten Ölimmersionssysteme, können hier übergangen werden. Für gewöhnliche mikroskopische Arbeiten reichen folgende Objektive und Okular Nr. 3 (n. Winkel) meistens aus.

Objektiv Nr. 2 gibt mit Okular Nr. 3 eine 68 fache Vergröfserung (Preis 24 Mk.), 1 Okular 8 Mk.

Objektiv Nr. 5 gibt mit Okular Nr. 3 eine 246 fache Vergröfserung (Preis 30 Mk.).

Objektiv Nr. 7 gibt mit Okular Nr. 3 eine 480 fache Vergröfserung (Preis 40 Mk.).

Die Stärke der Objektive läfst sich schon äufserlich aus der Länge der Fassung und der Gröfse der Linse ersehen: Je gröfser die Linse und je kürzer die Fassung (d. h. das Objektiv), desto kleiner ist die Vergröfserung. Für die Okulare gilt der umgekehrte Satz: Die Stärke des Okulars nimmt mit der Länge desselben ab.

Da in späteren Abschnitten des Buches häufig von den Eigenschaften der Stoffe im polarisierten Lichte die Rede sein wird, will ich die Einrichtung und den Zweck des Polarisationsmikroskopes in Kürze erläutern: Wie uns die Physik lehrt, ist jeder Lichtstrahl aus unendlich vielen Lichtstrahlen zusammengesetzt, welche alle nach den verschiedensten Richtungen hin schwingen. Schwingen alle Strahlen nach einer einzigen Richtung, also parallel, so nennt man ein solches Licht polarisiert. Zur Erzeugung vollkommen polarisierter Lichtstrahlen benutzt man zwei Nicolsche Prismen, das sind Prismen aus Kalkspat, die eine ganz bestimmte Form haben und nach bestimmten physikalischen Gesetzen geschliffen und gespalten sind; sie haben in diesem Zustand die Eigenschaft der Doppelbrechung des Lichtes. Um im Mikroskop die Wirkung des polarisierten Lichtes zu erzielen, braucht man zwei solcher Prismen. Das eine, der Polarisator, kreuzt den Weg der einfallenden Strahlen (wird meist in die Blendenführung gesteckt), das andere, der Analysator, befindet sich über dem Objekt, also zwischen dem Objekt und dem Auge des Beschauers. Ein einfallender Lichtstrahl wird durch die eingeschalteten Prismen in zwei Strahlen von verschiedener Geschwindigkeit gespalten. Die Farben im weifsen Licht werden im Analysator ausgelöscht, und es bleiben nur die anderen als Mischfarbe übrig. Selbst vollständig weifse Objekte zeigen dann die lebhaftesten Farben.

b) Die Hilfsapparate und Instrumente.

Zum Messen der Objekte hat man mikroskopische Mefsstäbe konstruiert. Man braucht zum Messen ein Okularmikrometer und ein Objektivmikrometer. Das Okularmikrometer (Fig. 42) ist ein Glasplättchen, auf welchem eine Skala eingeritzt ist. Die Skala des Mikrometers ist so eingeteilt, dafs ein Millimeter in 10 (oder auch 20) Teile geteilt ist. Der Raum zwischen zwei Teilstrichen beträgt dann 0,1 mm. Das Okularmikrometer wird in das Okular eingelegt. Der Mafsstab und das Objekt erscheinen dem Auge gleichmäfsig vergröfsert, und das Objekt kann direkt gemessen werden. Es ist selbstverständlich, dafs das Mikrometer durch Verschiebung im Okularrohr so eingestellt werden mufs, dafs die Teilstriche vollkommen scharf erscheinen.

Fig. 42.
Okularmikrometer.

Das Objektivmikrometer hat die Form eines gewöhnlichen Objektträgers, in dessen Mitte ein Glasplättchen eingelassen ist, auf welchem 1 mm in 100 Teile geteilt ist. Die Teilung ist parallel und senkrecht zum Längsrand des Glases eingeritzt, so dafs die Messungen nach zwei Seiten hin ausgeführt werden können. Dieses Mikrometer dient zum Bestimmen der Vergröfserungen und wird wie ein Präparat auf den Objekttisch gelegt.

Ist z. B. ein Teilstrich des Objektivmikrometers = 15 Teilstrichen des Okularmikrometers, so ist 1 Teilstrich des Okularmikrometers = 0,10 : 15 = 0,0066'''' mm (da 1 Teilstrich des Okularmikrometers ja gleich 0,1 mm ist). Diese Messung braucht indessen meistens nicht ausgeführt zu werden, da gewöhnlich mit dem Okularmikrometer vom Optiker eine Tabelle über die Mikrometerwerte mitgeliefert wird. Man hat also nur nötig, festzustellen, wieviel Teilstücke des Okularmikrometers von dem Objekt bedeckt werden, und diese Zahl mit dem Mikrometerwert (der natürlich von den angewandten Okularen und Objektiven abhängig ist) zu multiplizieren.

Die Gröfse des Objektes wird in Mikromillimetern (Mikron) angegeben. Als Einheit für solche mikroskopische Messungen hat man ¹/₁₀₀₀ Millimeter (das Mikron $= \mu$) zugrunde gelegt.

Von grofser Wichtigkeit für mikroskopische Arbeiten ist das Nachzeichnen der mikroskopischen Bilder. Dasselbe schärft einerseits die Beobachtung, anderseits leistet es auch bei der Wiedererkennung der Präparate vorzügliche Dienste. Die Abbildung (Fig. 43) zeigt einen von der Firma R. Winkel (Göttingen) konstruierten Zeichenapparat, welcher sich durch einfache Handhabung und sichere Wiedergabe der Bilder auszeichnet. Der Apparat wird auf das Okular aufgesetzt; dann wird scharf eingestellt und vor allem die Lichtstärke richtig reguliert. Das

Fig. 43. Zeichenapparat von R. Winkel, Göttingen.

Bild wird, wie bei anderen Zeichenapparaten, auch auf das Papier reflektiert, so dafs man scheinbar nur die Umrisse der Präparate nachzuzeichnen hat. Der Apparat kostet 52 Mk.

Zur direkten Aufnahme der Objekte bedient man sich seit einer Reihe von Jahren der Mikrophotographie. Das Wesen derselben besteht darin, dafs das Bild des Objektes direkt auf einer photographischen Platte erzeugt wird. Die Platte wird dann wie bei anderen Aufnahmen auch weiterbehandelt. Derartige Apparate werden von vielen Mikroskop-Firmen angefertigt. Empfehlenswert wegen seines billigen Preises, der Dauerhaftigkeit und einfachen Handhabung ist der von der landwirtschaftlichen Versuchsstation Kempen am Rhein benutzte Apparat (Fig. 44).

Derselbe besteht aus zwei Eichenholzkasten, welche innen schwarz gestrichen sind und mit Nute und Feder lichtdicht aufeinander passen. Der untere, kleinere Teil trägt an der Schmalseite *(1)* eine kreisrunde Öffnung *(a)*, durch welche das Licht in das Mikroskop fällt. Die Öffnung ist mit einem schwarzen Schieber verschliefsbar, der während der Aufnahme durch eine blaue oder gelbe Glasscheibe ersetzt wird. An der anderen Schmalseite *(2)* befindet sich eine Klappe, durch welche man an die Mikrometerschraube gelangen kann.

Der obere, höhere Teil trägt auf der Schmalseite *(1)* einen Spalt, durch welchen die Mattscheibe bezüglich die Platte eingeschoben wird, welche auf Leisten ruht.

Im Innern ist etwa $^1/_2$ Höhe ein schwarzer Tuchsack lichtdicht angenagelt, welcher unten trichterförmig endet und vermittelst eines Bandes an den Tubus befestigt wird.

Das durch die Öffnung *(a)* einfallende Licht geht also nur durch das Objekt und die Linsensysteme an die Mattscheibe, auf welcher man das Bild, wie gewöhnlich, scharf einstellt. Die Zeichnung (Fig. 44) stellt den Apparat dar:

Das Einstellen der mikroskopischen Präparate für mikrophotographische Zwecke erfordert einige Übung; ebenso die richtige Anfertigung der Präparate wie überhaupt die ganze Handhabung des Mikroskopes.

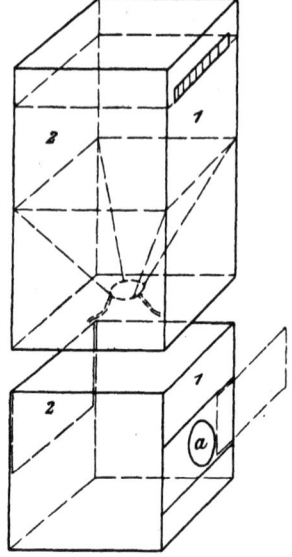

Fig. 44.
Mikrophotographischer Apparat.

Man legt zunächst das Präparat auf den Objekttisch, wobei man darauf achten mufs, dafs das Deckglas absolut trocken ist. Dann dreht man den Tubus durch Drehen des groben Triebes abwärts. In der Nähe des Präparates drehe man sehr vorsichtig, damit man nicht die Linse auf das Deckglas stöfst. Dadurch wird nämlich einerseits das Deckglas zerbrochen, anderseits aber auch die Linse leicht beschädigt. Während der Annäherung der Linse ans Objekt sieht man durch das Okular, bis man das Bild vorerst unklar erblickt; dann dreht man die Mikrometerschraube und stellt mit ihr das Bild vollkommen scharf ein. Zu beachten ist, daſs durch die Dicke der Objekte oft ein Teil nur, z. B. der Rand, scharf wird; durch Drehung der Schraube kann man dann auf die einzelnen Teile scharf einstellen. Man stülpt dann den Apparat über das Mikroskop, dichtet den Kasten lichtdicht ab und stellt zunächst auf der Mattscheibe scharf ein. Man vertauscht die Mattscheibe gegen die Platte und belichtet dieselbe. Wie schon erwähnt, müssen bei allen mikroskopischen Arbeiten die Objektivlinse und das Deckglas vollkommen sauber und trocken sein. Arbeitet man mit Immersionssystemen, so muſs das Öl sofort nach dem Gebrauche vermittelst Chloroforms sorgfältig von der Linse entfernt werden. Vor flüssigen und auch gasförmigen Säuren sowie vor Alkalien sind alle Teile des Mikroskopes sorgfältig zu schützen, da durch diese die Metallteile und die Linsen sehr angegriffen werden. Die äuſserliche Reinigung des Mikroskopes nimmt man am besten in Zwischenräumen von einigen Monaten vor und benutzt dazu zweckmäſsig weiche, mit Chloroform angefeuchtete Lederlappen. Die Reinigung der Linsen läſst man am besten durch das mikroskopische Institut besorgen, welches das Instrument geliefert hat. Derartige Reinigungen werden von allen Firmen kostenlos ausgeführt.

Zur Anfertigung mikroskopischer Präparate braucht man eine Anzahl unbedingt nötiger Instrumente, deren Anwendung im folgenden erläutert ist: zunächst Objektträger und Deckgläser. Objektträger sind rechtwinklige Glasplatten, welche in verschiedenen Formaten angefertigt werden. Die gebräuchlichsten Formate sind: 1. das englische Format: 7,5 × 2,5 cm, und 2. das gewöhnliche Format:

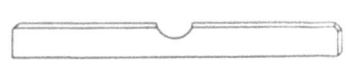
Fig. 45. Ausgehöhlter Objektträger im Längsschnitt.

Fig. 46. Ausgehöhlter Objektträger von oben.

5 × 2,5 cm. Man nimmt am besten Objektträger aus weiſsem, ziemlich dünnem Glas. Für manche Untersuchungen benutzt man auch ausgehöhlte Objektträger. Das sind gewöhnliche Objektträger, in deren Mitte das Glas hohl geschliffen ist. Ein solcher Objektträger sieht folgendermaſsen aus (Fig. 45 u. 46):

Die z. Untersuchung d. Gespinstfasern nötigen Apparate u. Reagentien. 87

Diese Objektträger ermöglichen, das betreffende Objekt im hängenden Tropfen, also in natürlicher Lage, zu beobachten.

Deckgläser sind kleine quadratische oder runde Glasplättchen, welche einige $^1/_{10}$ Millimeter Dicke besitzen. Die gebräuchlichsten Gröfsen sind: 15 × 15 mm, 20 × 20 mm und für gröfsere Objekte 24 × 24 mm, dann noch runde von 18 mm Durchmesser. Um die Dicke des Deckglases zu messen, die bei sehr feinen mikroskopischen Untersuchungen sehr in Betracht kommt, hat man einen Apparat konstruiert, der die Bestimmung der Dicke in einfachster und exakter Weise gestattet. Bei den gewöhnlichen Untersuchungen kann man die Deckglasdicke jedoch ruhig vernachlässigen.

Des weiteren braucht man bei mikroskopischen Arbeiten ein Skalpell, das ist ein kurzes, scharfes Messerchen von der in Fig. 47 dargestellten Form. Mit demselben schneidet man die zur Untersuchung dienenden Hölzer und Fasern einigermafsen glatt, ehe man mit dem Rasiermesser die endgültigen Schnitte herstellt.

Fig. 47. Skalpell.   Fig. 48a. Präpariernadel, gerade und gebogen.   Fig. 48b. Präpariernadel, lanzettförmig.

Zum Präparieren der Objekte sind sogenannte Präpariernadeln (Fig. 48a u. 48b) sehr zweckmäfsig. Folgende drei Formen sind zur Anschaffung zu empfehlen: 1. die gerade spitze Nadel, 2. die gebogene und 3. die lanzettförmige Nadel.

Eine kleine feine Schere, von der Gröfse einer Nagelschere, ist ebenso wie eine Pinzette unentbehrlich. Unter den Pinzetten hat man grofse Auswahl in den Formen. Am zweckmäfsigsten sind für unsere Zwecke kleine, gerade, vernickelte Pinzetten mit scharfer Spitze. Zur Herstellung von Schnitten durch Pflanzenteile braucht man Rasiermesser, und zwar zwei verschiedene Formen. Für harte, verholzte Teile benutzt man schmale, ziemlich dicke Messer, für weiche Pflanzenteile breitere, hohlgeschliffene, äufserst dünne Messer. Zum Abziehen derselben benutzt man am besten die vierseitigen chinesischen Streichriemen. Zum Auftragen dünner Schnitte aus Flüssigkeiten heraus auf den Objektträger sowie beim Anfertigen von Hefen- und Bakterienpräparaten benutzt man mit Vorteil Platindrähte an Glasstäbe angeschmolzen. Für steriles Arbeiten sind dieselben unerläfslich. Zum Einklemmen der zu schneidenden Objekte dienen die Markstücke aus Holunder- oder Rosenstengeln, ebenso Kork. Man macht mit dem Skalpell einen scharfen Schnitt in das Mark oder den Korken und schiebt das Objekt (welches natürlich möglichst dünn sein mufs) dazwischen. Man prefst dann mit den Fingern die Schnittflächen des Markes fest zusammen und führt das Messer durch Mark und Objekt. Die beiden Markstreifen lassen sich nachher leicht entfernen.

Zur Vorbereitung der Proben für die mikroskopische Untersuchung sowie zur Ausführung chemischer Farbenreaktionen, zum Aufhellen undurchsichtiger Stoffe usw. sind folgende Glas- und Porzellanutensilien unerläfslich: Uhrgläser und Petrischalen, das sind flache Schalen mit passendem Deckel; ferner einige Bechergläser und Kochflaschen, am besten aus Jenaer Glas; einige kleine Porzellanschalen, beiderseits glasiert; eine Spritzflasche für das destillierte Wasser und Glasstäbe, an beiden Enden rund geschmolzen; etwas mäfsig weites Glasrohr zum Ausziehen in Kapillaren, kleine Pipetten, Reagenzgläser nebst Reagenzglashalter, Filtrierpapier, weifs und glatt; ferner noch einige Tropfgläser (Fig. 49). Diese fertigt man leicht selber in folgender Weise an: Man pafst auf kleine Standflaschen zu 50—100 ccm Inhalt Korkstopfen auf und durchbohrt dieselben mit einem Korkbohrer so, dafs ein Stück Glasrohr genau hineinpafst. Dieses Glasrohr zieht man am einen Ende zu einer nicht zu engen, kurzen Kapillare aus und schmilzt die Ränder des anderen Endes rund. Auf dieses Glasrohr setzt man über das rund geschmolzene Ende ein Stück gut schliefsenden Kautschukschlauch von etwa 3 cm Länge. Das obere Ende des Schlauches verschliefst man mit einem Stückchen Glasstab. Drückt man nun den Kautschukschlauch zusammen, so entweicht die Luft durch die Kapillare, und das Reagens steigt in das Glasrohr. Durch vorsichtiges Drücken kann man das Reagens tropfenweise ausfliefsen lassen.

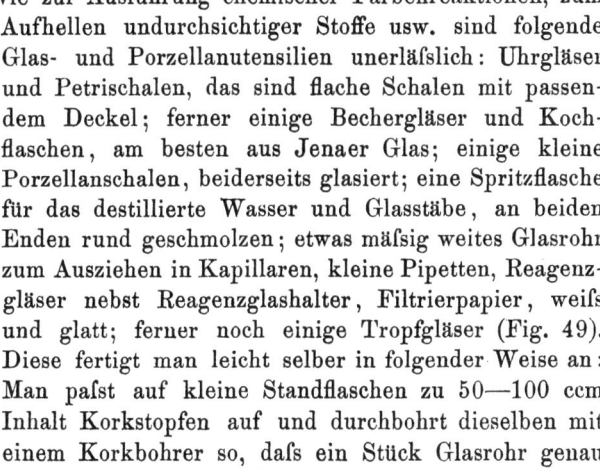

Fig. 49. Tropfenzähler.

Hat man kein Gas im Arbeitsraume, so genügt auch ein guter Spiritusbrenner. Alle Glas- und Porzellangeräte, Kautschuk und Kork sind in jeder Glasbläserei zu haben. Falls keine solche am Orte ist, bezieht man die genannten Gegenstände in guter Ausführung und zu mäfsigen Preisen bei der Firma **Ehrhardt & Metzger Nachf.**, Darmstadt. Ganz besonders bei mikroskopischen Arbeiten gewöhne man sich daran, alle Instrumente, namentlich Messer und Nadeln, sofort zu reinigen, da diese feinen Instrumente sonst sich sehr viel rascher abnutzen. Es ist dringend zu raten, das Mikroskop während des Nichtgebrauches in einem Kasten oder unter einer Glasglocke aufzubewahren, da die Linsen sonst durch den Staub, der durch die Gewinde dringt, rasch getrübt werden.

c) Die Reagentien.

Zur Identifizierung der Pflanzenfasern und zur Unterscheidung sehr ähnlicher reicht oft die Betrachtung eines mikroskopischen Präparates allein nicht aus. Durch Anwendung chemischer Reagentien, wie Farbstoffe, Reduktions- und Oxydationsmittel, durch welche die Präparate aufgehellt werden, dadurch, dafs die Zellverbände gelöst und unwesentliche Bestandteile zerstört werden, kann man den mikroskopischen Befund ergänzen und ein sicheres Urteil über die Natur und eventuell auch die Beschaffenheit des Materials gewinnen. Folgende Reagentien hält man sich am besten in ausreichenden Mengen in gut verschlossenen Flaschen vorrätig:

Destilliertes Wasser. Man nehme stets zu allen Operationen destilliertes Wasser! Zum Einbetten mikroskopischer Präparate eignet sich Glyzerinwasser (1 Teil Glyzerin + 3 Teile Wasser) stets gut, da dasselbe nicht so rasch verdunstet wie gewöhnliches Wasser.

Reine konzentrierte Schwefelsäure. Man braucht sie in konzentrierter Form wie auch in folgenden Verdünnungen: 1. 1 Gewichtsteil konzentrierte Säure + 3 Gewichtsteile destilliertes Wasser. 2. 2 Gewichtsteile konzentrierte Säure + 1 Gewichtsteil Wasser. 3. $1/3$ Normalschwefelsäure zu Stickstoffbestimmung. 4. Normalschwefelsäure. Dieselbe wird als solche wie auch zu Verdünnungen von bekanntem Gehalt benutzt. Die Normalschwefelsäure ist annähernd 5 %ig und kann an deren Stelle verwandt werden. Will man sich 5 %ige Säure aus konzentrierter Säure selbst herstellen (zur Aufhellung der Futtermittel wird sie häufig gebraucht), so müssen 28 ccm = 49 g Schwefelsäure vom spezifischem Gewicht 1,8 auf 100 ccm mit destilliertem Wasser aufgefüllt werden.

Konzentrierte Salpetersäure und 60%ige Salpetersäure. Eisessig und etwa 25%ige Essigsäure. Konzentrierte Salzsäure, die man nach Bedarf in bekanntem Verhältnis verdünnt.

Chromsäure, 20%ig.

Konzentrierte Kalilauge. Sie wird in der Weise hergestellt, dafs man die Ätzkalistangen mit so viel Wasser übergiefst, dafs ein wenig Ätzkali ungelöst bleibt. In entsprechender Weise macht man 40%ige und 10%ige Kalilauge. Rohe Natronlauge zu Stickstoffdestillation und ein Drittel Normalnatronlauge zur Titration. Sodalösung von bekanntem Gehalt. Konzentriertes Ammoniak und verdünntes wässeriges Ammoniak.

Alle Säuren müssen in Flaschen mit Glasstopfen, alle Alkalien, auch Ammoniak, in Flaschen mit Kautschukstopfen aufbewahrt werden. Des weiteren braucht man Alkohol und Äther sowie ein Gemisch aus gleichen Raumteilen beider Lösungsmittel.

An Lösungen braucht man zu den verschiedenen Arbeiten noch folgende:

Jodlösung nach Hager-Mez: Man löst 1,3 g Jodkalium in 100 ccm destilliertem Wasser auf und fügt 0,3 g Jod hinzu. Diese Jodlösung reicht für alle hier in Frage kommenden Untersuchungen aus und wird hauptsächlich im Verein mit der Schwefelsäure 2:1 als Jodschwefelsäure zum Zellulosenachweis benutzt. Man legt das Objekt zuerst in die Jodlösung und fügt dann die Schwefelsäure zu. Getrennt aufbewahren! Die Jodlösung allein dient als Reagens auf Eiweifs, Glykogen und Stärke.

Chlorzinklösung: Zur Untersuchung der Seide verwendet man am besten eine 60%ige Lösung. Als Reagens auf Zellulose benutzt man sie in Verbindung mit Jod. Die Lösung bereitet man nach Hager-Mez in folgender Weise: 25 g Chlorzink und 8 g Jodkalium werden in 8,5 g Wasser gelöst; dazu gibt man Jod bis zur Sättigung. Behrens gibt an: 1 Teil Jod + 5 Teile Jodkalium + 30 Teile Chlorzink + 14 Teile Wasser. Nicht lange haltbar!

Kupferoxydammoniak: Das Reagens ist sehr schlecht haltbar. Nach Hager-Mez verfährt man am besten folgendermafsen: Aus einer konzentrierten Kupfersulfatlösung fällt man kalt mit Kalilauge das Kupferhydroxyd (man kann statt Kalilauge auch Ammoniak nehmen), wäscht dasselbe mit Wasser aus, trocknet und bewahrt das Pulver vor Licht geschützt auf. Vor dem Gebrauche löst man etwas Hydroxyd in konzentriertem Ammoniak. Diese Lösung stellt das Reagens dar.

Nickeloxydulammoniak wird analog dargestellt. Bezüglich Haltbarkeit und Aufbewahrung gilt dasselbe.

Alkalische Kupferglyzerinlösung: 10 g kristallisiertes Kupfersulfat werden in 100 ccm Wasser gelöst; dazu kommen 5 g reines Glyzerin und 10 ccm 40 %ige Kalilauge. (Der entstehende Niederschlag muſs sich wieder lösen.)

Fehlingsche Lösung: Darstellung siehe im Chemischen Teil dieses Buches; ebenso daselbst Bemerkungen über Aufbewahrung und Haltbarkeit.

Millons Reagens: Ist eine Lösung von metallischem Quecksilber in konzentrierter Salpetersäure. Nach König (Untersuchung landwirtschaftlicher wichtiger Stoffe) stellt man dasselbe in folgender Weise her: 1 Teil Quecksilber wird in 2 Teilen Salpetersäure vom spezifischem Gewicht 1,42 erst kalt, zuletzt heiſs gelöst. Nach vollständiger Lösung fügt man auf 1 Volumen Lösung 2 Volumen Wasser, läſst einige Stunden absitzen und bewahrt die abgegossene klare Flüssigkeit in einer Flasche mit Glasstopfen auf.

Neſslers Reagens ist eine Auflösung von Quecksilberjodid und Jodkalium in Natronlauge. Empfindliches Reagens auf Ammoniak.

Eau de Javelle: In der einen Flasche gibt man zu 20 g Chlorkalk 100 g Wasser und läſst unter öfterem Schütteln 24 Stunden stehen. In der zweiten Flasche löst man 25 g Kaliumkarbonat in 25 g Wasser. Hat sich das Kaliumkarbonat völlig gelöst, so gieſst man am zweiten Tage die beiden Flüssigkeiten zusammen, schüttelt durch und läſst abermals 24 Stunden gut verschlossen im Dunkeln stehen. Am dritten Tage gieſst man die klare Flüssigkeit vom Bodensatz ab und hebt sie im Dunkeln gut verschlossen auf.

Schulzesches Mazerationsgemisch: Man übergieſst wenig chlorsaures Kali mit konzentrierter Salpetersäure und kocht in diesem Gemisch die aufzuhellenden Objekte kurze Zeit. Das Gemisch muſs vor jedem Gebrauch neu hergestellt werden. Vorsicht wegen der Stickoxyddämpfe!

Schwefelsaures Anilin: Durch Auflösen des käuflichen Salzes in Wasser gewonnen. Vorteilhaft stellt man eine Lösung von bekanntem Gehalt her.

Salzsaures Anilin wird in analoger Weise hergestellt. Beide Reagentien im Dunkeln aufbewahren. Sind nicht unbegrenzte Zeit haltbar.

Phlorogluzinsalzsäure: Man mischt eine konzentrierte alkoholische Lösung von Phlorogluzin mit dem gleichen Volumen 10%iger Salzsäure. Alle drei Reagentien dienen zum Nachweis der Holzsubstanz.

Diphenylaminsulfat und Bruzinsulfat: Beide werden in Form des trockenen Kristallpulvers mit konzentrierter Schwefelsäure zusammen angewandt.

Glyzerinschwefelsäure: 3 Vol. konzentrierte Schwefelsäure + 1 Vol. Wasser + 2 Vol. reines Glyzerin werden unter Abkühlung zusammengemischt.

Als Reduktionsmittel wendet man am besten konzentrierte Salzsäure und metallisches Zinn an. Man übergiefst das Objekt in einem Schälchen mit Salzsäure und gibt etwas granuliertes Zinn hinzu.

Zum Nachweis von Schwefel (in Wolle) benutzt man eine Lösung von Bleioxyd in Natronlauge. Man kann sich auch Filtrierpapierstreifen anfertigen und diese mit der Lösung tränken.

Zum Nachweis von Ammoniak benutzt man mit grofsem Vorteil die Reaktion auf Curcumapapier: Man übergiefst das Objekt mit konzentrierter Natronlauge (auch Kalilauge) und erwärmt das Gemisch, erhitzt aber nicht zum Sieden. Auf die Öffnung des Reagenzglases oder des Kolbens legt man angefeuchtetes Curcurmapapier. Dasselbe wird von den Ammoniakdämpfen braun. Vorsicht, dafs keine Lauge an das Papier kommt; dieselbe färbt das Reagenzpapier ebenfalls braun! Wichtig zur Unterscheidung echter und künstlicher Seide! Zur Feststellung der Reaktion einer Lösung oder eines Auszuges benutzt man allgemein Lackmus- oder Azolithminpapier.

Farbstoffe (nach Behrens): Zur Unterscheidung der Fasern, namentlich wenn ein Gewebe vorliegt, sind aufeinanderfolgende Färbungen mit verschiedenen Farbstoffen von grofsem Nutzen. Näheres über die Ausführung der Färbungen ist im sechsten Abschnitt zu finden. Die wichtigsten Farbstoffe und gleichzeitig am bequemsten zu handhaben sind folgende: Malachitgrün, Kongorot, Methylenblau und Benzopurpurin. Diese Farben sind als trockene Pulver käuflich zu haben. Sie sind leicht in Wasser löslich. Je nach der Art der Fasern ist der Farbstoff in saurem, alkalischem oder neutralem Bad anzufärben.

Man gewöhne sich daran, alle Reagentien stets von gleicher Konzentration anzuwenden, da bei vielen der angeführten Lösungen die Konzentration einen wesentlichen Einfluſs auf den Ausfall der Reaktion ausübt. Als Beispiel mag Chlorzinkjodlösung hier angeführt werden. Dieses Reagens gibt je nach der Konzentration total verschiedene Färbungen; ebenso viele der anderen Reagentien. Dieses unterschiedliche Verhalten erklärt sich aus der verschiedenen Beschaffenheit der Fasern derselben Art, des Wassergehaltes und der Wasserentziehung und vor allem aus dem Einfluſs der vorhergegangenen Behandlungsweise der Gewebe. Wenn irgend möglich, mache man bei allen Färbungen Vergleichsfärbungen an bekannten Fasern.

Zum Schlusse mag noch eine Fettmischung, bestehend aus drei Teilen Schweinefett und einem Teil Kolophonium, Erwähnung finden. Man schmilzt die beiden Bestandteile in dem angegebenen Verhältnis zusammen und läſst sie erkalten. Die Mischung ist bei gewöhnlicher Temperatur fest und läſst sich anderseits schon auf dem Objektträger mit einem heiſsen Glasstab zum Schmelzen bringen. Sie eignet sich vorzüglich zum Luftabschluſs bei Präparaten, die vor dem Eintrocknen bewahrt werden sollen.

III. Anfertigung mikroskopischer Präparate.

Will man von einem Objekt ein mikroskopisches Präparat machen, so ist vor allem zu beobachten, daſs dasselbe so dünn und fein wird, daſs das Licht unbehindert hindurchtreten kann. Man beobachtet alle Schnitte, alle Fasern, Mikroorganismen stets in einem Tropfen Flüssigkeit, am besten Wasser, dem man $1/3$ des Volumens Glyzerin hinzugefügt hat. Das Präparat bedeckt man mit einem Deckglase, zum Schutze der Objektivlinse, und um die Austrocknung zu verhüten. Zur Untersuchung von Hölzern, Fasern und dergleichen muſs man sich Querschnitte und Längsschnitte der betreffenden Partie herstellen. Häufig benutzt man auch noch den Tangentialschnitt. Die Anordnung dieser drei Hauptschnitte ist aus der schematischen Figur (Fig. 50) ersichtlich:

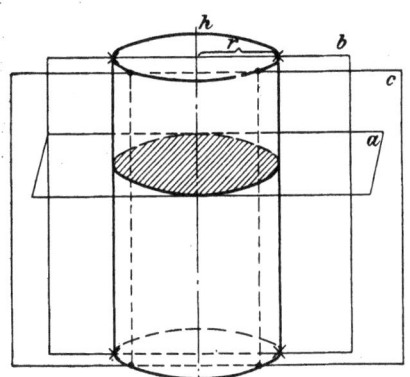

Fig. 50. Drei Hauptschnitte, schematisch.

Die schematische Figur stellt ein gliederförmiges Sproſsstück (Stück eines Stammes oder Astes) dar. h ist die hypothetische Hauptachse, r ist der Radius. Legt man einen Schnitt, durch die Fläche a gekennzeichnet, senkrecht zur Hauptachse, so erhält man einen Querschnitt. Derselbe ist durch Schattierung angedeutet. Die eingezeichnete Ebene b bezeichnet einen Radialschnitt; als solche bezeichnet man alle Schnitte, welche einen Radius des Stammstückes oder, was auf dasselbe hinauskommt, die Hauptachse, enthalten. Die Ebene c bezeichnet den Tangentialschnitt; derselbe verläuft parallel zur Oberfläche und Hauptachse und steht senkrecht auf einem Radius. Mit diesen drei Schnitten kann man sich über jedes beliebige Zweigstück orientieren. (Näheres siehe bei Unterscheidung der Laubhölzer von den Nadelhölzern, fünften Abschnitt Nr. 29, Holzfaser.)

Ist das zu schneidende Objekt sehr dünn, so klemmt man es am besten zwischen Holunder- oder Rosenmark, auch Kork, und schneidet es mit dem Mark zusammen. Von ganz dünnen Haaren und Fasern klebt man mehrere zusammen und schneidet das ganze Bündel. Zum Schneiden harter, holziger Teile nimmt man, wie schon erwähnt, das schmale, dicke Rasiermesser; für weiche Teile benutzt man das breitere, dünnere Messer. Es ist in den meisten Fällen unnötig, den Schnitt über die ganze Fläche zu führen, sondern es genügt ein kleiner Teil desselben, da sich die gewünschten Elemente genügend oft wiederholen, um sie auch in einem kleinen Teil zu finden. Bei der Auswahl der Schnitte muſs man immer darauf bedacht sein, typische Stücke, je nach dem Mittelstücke, Randstücke oder Endstücke, zu bekommen. Bei Mehlen, Hefen, Sämereien, Pulvern usw. muſs man die Probe gut schütteln und aus einer Durchschnittsprobe die Präparate anfertigen. Viele Objekte, wie die eben erwähnten Mehle, Hefen, ferner Futtermittel usw., braucht man nicht zu schneiden, beziehungsweise sie lassen sich gar nicht schneiden. In diesen Fällen macht man dieselben durchsichtig, beziehungsweise man hellt sie auf durch Anwendung von Laugen und Säuren. Man fängt zweckmäſsig mit sehr verdünnten Säuren (5 %ige Schwefelsäure) an. Genügt ein einmaliges Kochen damit nicht, so behandelt man dieselbe Probe mit 5 % Lauge in der Siedehitze. In vielen Fällen (bei den meisten Futtermitteln) erreicht man damit einen genügenden Grad der Durchsichtigkeit und Zerstörung der nichtcharakteristischen Bindegewebe. Manchmal muſs man auch noch eine Behandlung mit verdünntem Königswasser (Salpetersalzsäure) folgen lassen. Eine Aufhellung sehr holziger Teile erreicht man gut durch Anwendung von Eau de Javelle oder durch das Mazerationsgemisch von Schulze (siehe Reagentien). Gefärbte Objekte (Zeuge aller Art) kann man durch Anwendung von Reduktionsmitteln oder Säuren in verschiedener Stärke entfärben und damit aufhellen. Mit vielen Reagentien geben gewisse Fasern sowie andere pflanzliche und tote Zellen charakteristische Färbungen. (Näheres siehe in dem betreffenden sechsten Abschnitt.)

Alle diese Operationen kann man in Porzellanschalen oder Reagenzgläsern vornehmen. Nach genügendem Auswaschen bringt man die Objekte dann auf den Objektträger in einen Tropfen Wasser. Einzelne Reaktionen hingegen können nur auf dem Objektträger unter dem Mikroskop selbst hervorgerufen werden, und mufs man dann ganz besonders darauf achten, dafs die Objektivlinse nicht beschädigt wird.

Zur Unterscheidung gewisser Fasern von einander bedient man sich mit Vorteil bestimmter Farbstoffe. Je nach ihrer chemischen Zusammensetzung färben sie die verschiedenen Fasern und Haare verschieden. Die Unterscheidung gewisser Fasern und Gruppierung derselben nach ihrem Verhalten gegenüber Farbstoffen ist sehr sicher und bequem auszuführen. Sie wird im sechsten Abschnitt eingehend besprochen.

Das Einstellen der Präparate geschieht in folgender Weise: Man legt das Präparat mit dem Deckglas nach oben auf den Mikroskoptisch so, dafs das Objekt über die Lichtöffnung des Tisches kommt. Vorher hat man den Spiegel so gedreht, dafs das Gesichtsfeld möglichst hell erleuchtet ist. Man dreht nun den Tubus mittelst der groben Führung oder, falls diese fehlt, direkt mit der Hand so lange langsam abwärts, bis man das Bild verschwommen erkennen kann. Dann erst stellt man mit der Mikrometerschraube scharf ein. Während der Beobachtung mufs man stets die Mikrometerschraube vor- und rückwärts drehen, weil man nur auf diese Weise alle Teile des Objektes scharf sieht. Da die Objekte eine gewisse Dicke besitzen, erscheinen nie alle Teile gleichmäfsig deutlich. Dieses erreicht man aber durch die ständige Drehung der Schraube. Während der Schraubendrehung schaue man stets ins Mikroskop, um alle Veränderungen wahrnehmen zu können. Die Drehungen sind stets sehr langsam auszuführen, damit man nicht mit der Linse auf das Deckglas stöfst, wobei dieses meistens zertrümmert wird.

Man gewöhne sich von vornherein daran, mit dem linken Auge zu mikroskopieren und das rechte Auge offen zu halten. Auf diese Weise strengt das Mikroskopieren nicht so sehr an, und man kann dann auch gleichzeitig das Bild nachzeichnen.

Wie schon vorher bemerkt, dreht das Mikroskop die Bilder um. Was rechts liegt, sehen wir links und umgekehrt.

Man muſs beim Durchmustern ein Präparat also stets in der entgegengesetzten Richtung verschieben, in welcher man es beim Beobachten mit bloſsem Auge verschieben würde.

Man stelle jedes Präparat zunächst mit der schwächsten Vergröſserung ein, da dieselbe einen Überblick über das ganze Objekt gewährt, während die starken Vergröſserungen nur einzelne Teile sichtbar machen. Alsdann beobachtet man die betreffende Stelle mit der nächst stärkeren Vergröſserung und steigere die Vergröſserung durch Anwendung schärferer Objektive, bis man alle Einzelheiten deutlich erkennt.

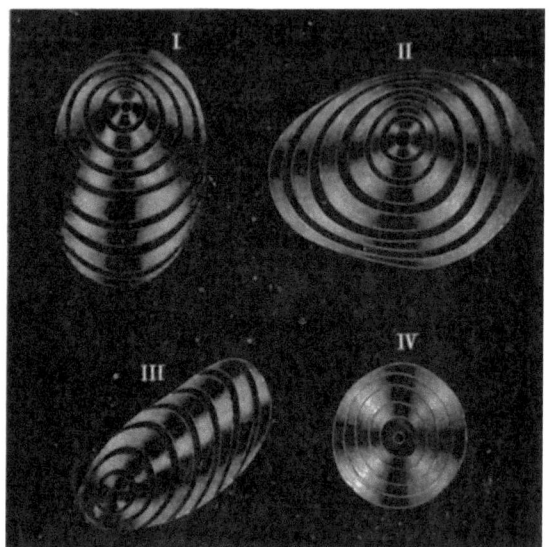

Fig. 51. Stärke im polarisierten Licht (nach Hager-Mez).

Will man die Objekte im polarisierten Licht betrachten, so braucht man auſser dem schon beschriebenen Polarisationsapparat noch ein Mikroskop mit drehbarem Objekttisch.

Die Beobachtungen im polarisierten Lichte haben den Vorteil, daſs sie an farblosen, weiſsen oder ganz durchsichtigen Objekten Einzelheiten erkennen lassen, welche im gewöhnlichen Licht nicht sichtbar sind. So erscheinen z. B. bei Stärkekörnern (Fig. 51) die Schichtungen auſserordentlich deutlich, und auſserdem durchzieht ein schwarzes Kreuz das Korn vom Kern aus.

Achert-Bischkopff, Chem.-botan. Leitfaden.

Die Polarisation wird in der Chemie der Zuckerarten häufig angewandt, und es erübrigt daher, hier ausführlich darauf einzugehen.

Zum Schlusse dieses Abschnittes mag noch auf die Wichtigkeit der Dauerpräparate hingewiesen werden. Als Vergleichsmaterial sind sie von aufserordentlichem Nutzen, und bei einiger Übung macht ihre Anfertigung keine Schwierigkeiten. Als Aufbewahrungsflüssigkeit verwendet man mit Vorteil Kanadabalsam. Bei Anwendung desselben ist allerdings zu beachten, dafs die Präparate völlig wasserfrei sein müssen. Kanadabalsam ist hellgelb, durchsichtig, trocknet rasch und ist mit Chloroform oder Xylol in Lösung zu bringen und zu verdünnen. Dauerpräparate verkittet man am Rande zweckmäfsig mit einem Lack, welcher nicht zu dünnflüssig sein darf. Empfehlenswert ist der Maskenlack von Beseler & Co., Berlin.

IV. Allgemeines über die Anatomie der Pflanzen.

Das Grundelement, aus dem die Pflanze besteht, ist die Zelle. Die Form und Gröfse derselben ist sehr verschieden. Die beiden typischen Grundformen sind: 1. die parenchymatische Form, das sind polygonale Zellen, und 2. die prosenchymatische Form, das sind langgestreckte, faserförmige Zellen. Die wesentlichsten Bestandteile der Zelle sind die folgenden:

1. das Plasma. Dasselbe ist eine schleimige, eiweifsartige Substanz, die häufig den ganzen Zellraum erfüllt, oft aber auch nur strangförmig die Zelle durchzieht oder die Wände bekleidet;

2. der Zellkern. Derselbe stellt eine kompakte Masse dar, welche sich chemisch und physiologisch vom Plasma unterscheidet. Dieser Kern teilt und vermehrt sich bei der Neubildung der Zellen und stellt den wichtigsten Bestandteil der Zelle dar;

3. die Zellhaut. Diese umgibt lückenlos den ganzen Zellkörper. Sie besteht aus Zellulose, die sich scharf vom Plasmakörper unterscheidet. Auch in verholzten, verkorkten, verkieselten und verkalkten Membranen bildet die Zellulose die Grundsubstanz. Auch Pflanzenschleim ist eine modifizierte Zellulose. Die Zellhaut ist sehr dehnbar. Damit der Austausch der Nährstoffe und der Gase unbehindert vor sich gehen kann, ist die Zellhaut an einzelnen Stellen durchlässig. Diese unverdickten Stellen der Zellhaut nennt man Tüpfel oder Tüpfelkanäle. Die Wandverdickungen der Zellen finden sich nur in gewissen Gewebepartien und sind äufserst mannigfaltiger Art. Näher darauf einzugehen, würde hier zu weit führen (siehe Abbildungen bei Holzfaser).

Aufser diesen drei wichtigsten Teilen enthält die Zelle noch eine Reihe anderer Gebilde, von denen folgende erwähnt sein mögen: a) Die Chromatophoren oder Stärkebildner, die man wieder, je nach ihrer Struktur und Funktion, einteilt in Chlorophyllkörper, Leukoplasten und Chromoplasten. b) Die Stärke-

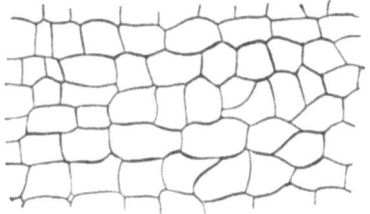

Fig. 52. Parenchymatisches Gewebe. Längsschnitt (nach Giesenhagen).

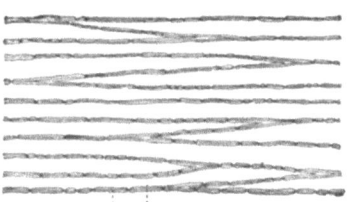

Fig. 53. Prosenchymatisches Gewebe. Längsschnitt (nach Giesenhagen).

körner und c) der Vakuoleninhalt, der sich häufig zu Aleuronkörpern verdichtet.

Die Gesamtheit der Zellen bezeichnet man als Gewebe, und zwar unterscheidet man, wie schon erwähnt: zwei Grundformen: a) das parenchymatische Gewebe, aus polygonalen Zellen bestehend (Fig. 52), und b) das prosenchymatische Gewebe, aus langgestreckten, faserförmigen Zellen bestehend (Fig. 53).

Sind die Zellen verdickt, so be-

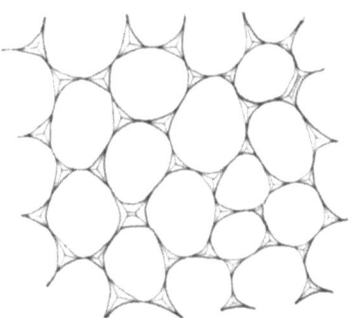

Fig. 54. Parenchymat. Kollenchym; Querschnitt (nach Giesenhagen).

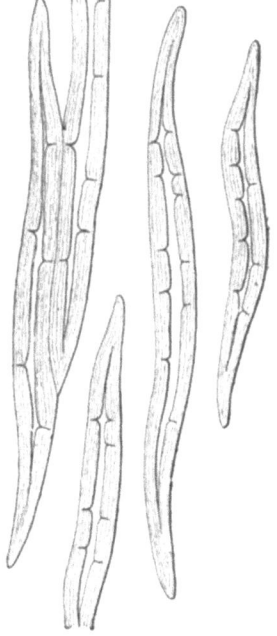

Fig. 55. Sklerenchymfasern; Querschnitt (nach Giesenhagen).

zeichnet man die Gewebe je nach der Verdickungsform als kollenchymatisches Gewebe und sklerenchymatisches Gewebe (Fig. 54—57):

Allgemeines über die Anatomie der Pflanzen.

Aus diesen verschiedenen Zellformen besteht der ganze Pflanzenkörper. In bestimmter Anordnung zusammengesetzt, bilden die Zellen Systeme von Kanälen und Röhren, die je nach ihrer Funktion und Entstehung verschieden gebaut und dementsprechend benannt sind. Die wichtigsten dieser Zellsysteme sind: 1. die **Gefäfse.** Dieselben durchziehen in Form langer Röhren das Gewebe und enthalten nur noch Luft und Wasser. Die Wandung dieser Gefäfse ist verholzt und verdickt. Diese Verdickungen sind sehr charakteristisch und sehr verschiedenartig. Man unterscheidet danach Ringgefäfse, Spiralgefäfse, Treppengefäfse, Netzgefäfse und Tüpfelgefäfse; 2. die **Siebröhren.** Sie sind ähnlich gebaut wie die Gefäfse, nur fehlen die Wand-

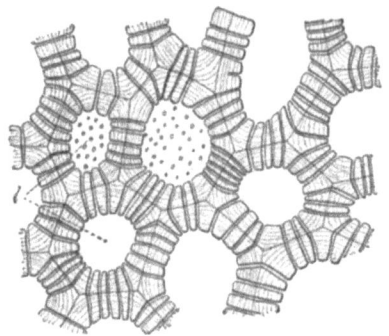 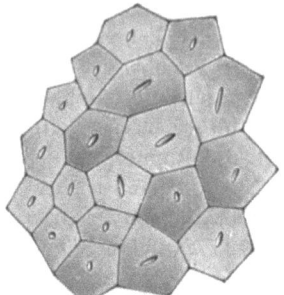

Fig. 56. Steinzellen (nach Giesenhagen).   Fig. 57. Bastfasern; Querschnitt.

verdickungen, und vor allem sind die Berührungsflächen der benachbarten Zellen, die Querwände, in Form von Sieben noch vorhanden. Die Siebröhren enthalten Protoplasma. Die anderen Röhrensysteme, welche meist ganz speziellen Zwecken dienen, können hier übergangen werden.

Die bisher erwähnten Zellsysteme sind im Pflanzenkörper zu bestimmten Geweben vereinigt und finden sich an ganz bestimmten Stellen des Pflanzenkörpers. Man unterscheidet danach 1. das **Hautgewebe.** Dasselbe wird gebildet aus den äufseren Schichten des Gewebes und der Oberhaut der Pflanzen. Darunter gelagert sind 2. die **Gefäfsbündel**, welche strangartig den Pflanzenkörper durchziehen. In der Mitte des Körpers liegt 3. das **Grundgewebe.**

Als besonders charakteristische Elemente des äufsersten Hautgewebes der Epidermis mögen hier die Spaltöffnungen für die Regulierung des Luft- und des Wasserverbrauches, sowie die Kork- und Haarbildungen Erwähnung finden. Die Anordnung der Gefäſse und Siebröhren ist eine ganz charakteristische. Die Gefäſse umgeben mantelförmig den Zylinder des Grundgewebes und werden nach dem Hautgewebe zu durch die Siebröhren begrenzt. Die bei manchen Pflanzenfamilien vorkommenden Spezialfälle der Anordnung der Gefäſse und Siebröhren können hier auſser acht gelassen werden. Die uns direkt interessierenden Gewebepartien, die Fasern, liegen dicht bei den Gefäſsbündeln, zum Teil zwischen den Gefäſsen im Siebteil des Gewebes.

Das Dickenwachstum der Pflanze wird durch eine Gewebezone, das sogenannte Cambium erzeugt. Dasselbe besteht aus prismatischen Zellen, welche ständig durch Teilung neue Zellen zum Gefäſsteil und Siebteil hinzufügen. Durch die Tätigkeit des Cambiums kommt auch die Holzbildung zustande. Der Holzkörper besteht aus Gefäſsen und Siebröhren nebst Holzfasern und Holzparenchymzellen. Die Monokotyledonen sind einfacher, aber den bisher besprochenen Dikotyledonen durchaus ähnlich gebaut. Prinzipiell unterscheiden sie sich von den Dikotyledonen dadurch, daſs sie keine echten Gefäſse führen, sondern an deren Stelle nur Tracheïden besitzen. Auſserdem unterscheiden sie sich durch andere Tüpfelung der Zellwände von den Dikotyledonen.

V. Die Gespinstfasern.

a) Allgemeiner Teil: Definition und Einteilung.

Als Gespinstfasern ganz allgemein, ohne Rücksicht auf ihre Herkunft, kann man diejenigen Gebilde bezeichnen, welche spinnbar sind und sich zu Geweben verarbeiten lassen. Von den Pflanzenfasern sind nur die Gefäfsbündel mit den Baststrängen technisch verwertbar, und zwar müssen die Baststränge nach Möglichkeit isoliert werden. Während man bis vor verhältnismäfsig kurzer Zeit nur natürlich vorkommende Fasern des Pflanzen- und Tierreiches (auch einige wenige des Mineralreiches) kannte und verwendete, liefert uns die moderne Technik eine ganze Reihe heute zum Teil wichtiger, künstlicher Fasern. Alles in allem kennt man heute annähernd 1000 verschiedene Gespinstfasern, von denen jedoch nur ein geringer Teil technische Verwertung findet. Die wichtigsten derselben sind im nachfolgenden aufgeführt und je nach ihrer Wichtigkeit mehr oder weniger ausführlich behandelt. Der Besprechung der Fasern ist folgende Einteilung zugrunde gelegt.

A. Natürlich vorkommende Fasern des Pflanzen- und Tierreiches.

1. Vegetabilische Fasern.

Dieselben sind ihrem anatomischen Bau nach aufserordentlich verschieden zusammengesetzt und sind dementsprechend auch sehr verschiedenartig. Gemeinsam ist ihnen allen, dafs sie aus Zellulose als Grundsubstanz bestehen, welche oft ganz unverholzt, manchmal aber auch mehr oder weniger stark verholzt ist. Man kann sie entsprechend ihrer Herkunft einteilen in:

Botanischer Teil.

α) **Pflanzenhaare.**

das sind die Samenhaare der Baumwollensträucher, die vegetabilischen Seiden (von den Samen der Pflanzenfamilien der Apocyneen und Asclepiadeen) sowie die Wolle der Wollbäume (Bombaxwolle); aufserdem die Haarbekleidung von Stengeln und Blättern mancher Palmen und Farne (siehe Nr. 1—5).

β) **Pflanzenfasern.**

Man kann sie folgendermafsen zusammenstellen:

    X   Bastfasern, welche Gefäfsbündel oder Bestandteile derselben enthalten. Siehe Nr. 6—15.
    X X   Reine Bastfasern. Siehe Nr. 16—23.
    X X X   Papierfasern. Siehe Nr. 24—29.
    X X X X   Verschiedene andere technisch verwertete Pflanzenstoffe. Siehe Nr. 30—32.

Anhang: Kork.

2. Animalische Fasern.

Diese unterscheiden sich dadurch von den vegetabilischen Fasern, dafs sie keine Zellulose enthalten, sondern aus stickstoffhaltigen Körpern bestehen und oft noch Schwefel enthalten.

Man unterscheidet zwei Gruppen animalischer Fasern:

α) die Seiden, d. s. Sekretabsonderungen gewisser Schmetterlingsgruppen. Siehe Nr. 33—35;

β) die Haare (Wolle) vieler Tiere (meist Haustiere). Siehe Nr. 36—41.

Aufser diesen Fasern kennt man noch eine Seide, welche von Muscheln erzeugt wird, die sogenannte Seeseide oder Byssus.

B. Künstliche Fasern.

Dieselben sind teils organischen, teils anorganischen Ursprungs.

Die wichtigsten Faserstoffe organischen Ursprungs sind die künstlichen Seiden und die Kunstwolle. Siehe Nr. 42 und 43.

Die Fäden und Fasern anorganischen Ursprungs werden hier nur kurz besprochen, da sie technisch keine besondere Bedeutung haben. Hierher gehören: Glaswolle, Schlackenwolle und Metallfäden der verschiedensten Art. Siehe Nr. 44—46.

Die Gespinstfasern. 105

C. Natürlich vorkommende Fasern des Mineralreiches.

Auch das Mineralreich liefert uns einen heute sehr viel angewandten Faserstoff, nämlich den Asbest. Siehe Nr. 47.

D. Technisch verwertete Hölzer.

In diesem Abschnitt ist eine Auswahl der wichtigsten ausländischen Hölzer und Pflanzen, welche als Farbhölzer oder zu pharmazeutischen Zwecken sowie als häufig verwandte Nutzhölzer eingeführt werden, zusammengestellt. In den Beschreibungen sind meistens alle mikroskopischen Unterscheidungsmerkmale wegen der Schwierigkeit, die nötigen, richtigen Schliffe und Schnitte herzustellen, nicht aufgeführt worden. Nur äußerliche Merkmale, wie Farbe, Schwere, Geschmack, Geruch usw., sind angegeben. Die beiden besprochenen Farbpflanzen, Krapp und Waid, werden heute noch in manchen Gegenden viel gebraucht; ebenso liefern verschiedene der erwähnten ausländischen Farbhölzer sowie die Indigopflanze ganz erhebliche Mengen Farbstoffe. Außerdem haben einige der bekanntesten Nutzhölzer, wie Mahagoni und andere mehr, wegen ihrer vielseitigen Verwendung Aufnahme gefunden.

Im folgenden Hauptteil des fünften Kapitels werden die bisher gruppenweise aufgeführten Faserstoffe einzeln beschrieben und, soweit möglich, durch Zeichnungen erläutert.

b) Spezieller Teil.
A. Natürlich vorkommende Fasern.
1. Vegetabilische Fasern.

1. Die Zellulose. Während man bis vor nicht langer Zeit unter Zellulose einen einheitlichen Körper verstand, über dessen Eigenschaften nicht allzuviel bekannt war, kennt man heute verschiedene, gut charakterisierte Modifikationen der Zellulose, die, wenn auch in ihrem Verhalten sehr ähnlich, sich doch als chemisch und physikalisch verschiedene Substanzen erweisen. Die Zellulose, die Grundsubstanz der natürlichen Pflanzenfasern sowie der künstlichen Seide, ist eine farblose, geruch- und geschmacklose Substanz. Ihr spezifisches Gewicht schwankt zwischen

1,27 und 1,45. Zellulose ist in den gebräuchlichsten Lösungsmitteln unlöslich. Kochendes Wasser greift sie nicht an. Bei 200° (unter Druck) wird sie von Wasser völlig gelöst. Nach ihrer chemischen Konstitution und molekularen Zusammensetzung gehört sie in die Gruppe der Kohlehydrate. Sie besteht aus Kohlenstoff, Wasserstoff und Sauerstoff und ist mit der Stärke nahe verwandt.

Reine Zellulose ist fast unzersetzlich. Beim Erhitzen auf 150° bräunt sie sich; bei noch höherer Temperatur zersetzt sie sich vollständig. Zellulose ist ziemlich stark hygroskopisch. Stark verdünnte Mineralsäuren greifen Zellulose nicht an. Konzentrierte Schwefelsäure (1 Teil H_2SO_4 + 3 Teile H_2O) lösen Zellulose schon bei gewöhnlicher Temperatur unter Zersetzung. Durch Einwirkung mäfsig konzentrierter Säuren wird Wasseraufnahme herbeigeführt. Das gebildete Produkt bezeichnet man als Hydrozellulose, welche eine amorphe, zerreibliche Substanz darstellt. Diese Eigenschaft der Zellulose ist deshalb bemerkenswert, weil auf der Bildung von Hydrozellulose das Mürbewerden pflanzlicher Gewebe (z. B. Baumwollenzeuge), die etwas Säure enthalten, beruht. Auch die Karbonisation der Wolle beruht auf diesem Vorgange. Die in der Wolle häufig enthaltenen pflanzlichen Bestandteile werden durch Säuren bei höherer Temperatur in Hydrozellulose verwandelt, und diese kann dann leicht mechanisch daraus entfernt werden. Auch die Umwandlung von ungeleimtem Papier in sogenanntes vegetabilisches Pergament beruht auf der Bildung von Hydrozellulose durch Einwirkung von Schwefelsäure. Reine Zellulose wird durch Jodlösung nicht gefärbt; Hydrozellulose wird dagegen, wie die Stärke, durch Jod blau gefärbt. Auch nichtflüchtige organische Säuren sowie Zinkchlorid bewirken die Umwandlung in Hydrozellulose. Durch Kochen mit 60 % Salpetersäure geht Zellulose in Oxyzellulose über. Dasselbe Produkt entsteht bei zu starker Einwirkung von Chlorkalk auf Zellulose. Konzentrierte Salpetersäure (bei Gegenwart von Schwefelsäure) gibt Nitrate der Hydrozellulose. Diese Körper sind in Wasser und Alkohol unlöslich, aber löslich in Alkohol und Äther. Bemerkenswert sind: 1. die Hexanitrozellulose oder Schiefsbaumwolle, ein sehr explosiver Körper; 2. das Kollodium, eine Lösung von Nitrozellulose in Alkoholäther (Näheres siehe künstliche Seide); 3. Das Zelluloid; dasselbe stellt eine Auflösung der Nitrozellulose in geschmolzenem Kampfer dar. Die technische Verwertung dieses

Produktes ist eine sehr vielseitige. Es erübrigt, hier näher darauf einzugehen.

Verdünnte Alkalien verwandeln Zellulose ebenfalls in Hydrozellulose. Konzentrierte Alkalien geben damit ebenfalls Hydrozellulose; ferner erhöhen sie die Affinität der Faser zu Farbstoffen und bewirken eine Verkürzung, aber gleichzeitig Festigkeitszunahme der Faser. (Ausführliches siehe bei Baumwolle.) Über ein neues Produkt aus Zellulose Viscose (siehe unter künstlichen Seiden). Zellulose löst sich in der Kälte leicht in Kupferoxydammoniak. Aus dieser Lösung wird die Zellulose durch Säuren wieder, und zwar zum Teil als Hydrozellulose, abgeschieden. Jod + Schwefelsäure verwandelt Zellulose in Hydrozellulose und färbt diese blau. Chlorzinkjod färbt Zellulose violett; Anilinsulfat und Anilinchlorid oder Phloroglucinsalzsäure färben Zellulose nicht.

2. Die Baumwolle. Als Baumwolle bezeichnet man die Samenhaare einer Gruppe von Pflanzen aus der Familie der Malven, welche botanisch alle in der Gattung Gossypium vereinigt werden. Die zahlreichen Arten dieser Gattung liefern sämtlich Baumwolle, aber von sehr verschiedener Güte. Vom Standpunkt der Praxis aus unterscheidet man dagegen nur zwei Hauptarten: 1. die indische und 2. die amerikanische Baumwolle. Die indische Baumwollenpflanze liefert stets Baumwolle mit kurzen Haaren (kurzstapelig). Unter den amerikanischen Baumwollen unterscheidet man zwischen einer kurzstapeligen, der Upland-, und einer langstapeligen, der Sea-Island-Baumwolle. Die Baumwollenfaser ist an der Samenkapsel angewachsen, und die erste Manipulation der Gewinnung der Baumwolle ist daher die, die Wolle von den Samenkapseln zu befreien. Die von den Fruchthüllen befreite, aber noch die Samen enthaltende Wolle nennt man „Samenwolle"; nach der Entfernung der Samen wird die rohe Baumwolle als „Lintbaumwolle" oder kurz „Lint" bezeichnet.

Die Baumwollenfaser ist ein einzelliges, von der Samenoberhaut ausgehendes, meist spiralig um die Achse gedrehtes Haar. Das Haar ist zugespitzt und erreicht seine gröfste Breite in der Nähe der Mitte. Der Durchmesser des Haares ist bei den einzelnen Arten verschieden und schwankt nach Angabe von Wiesner zwischen 21 und 42 μ. Wiesner gibt über die Breite der Baumwollenhaare an, dafs dieselbe bei den meisten Handelsarten und allen botanisch wohlcharakterisierten Arten zwischen 11,9 und 42,0 μ liegt, und hat auch festgestellt, dafs die Fasern folgender Baumwollensorten stets eine bestimmte häufigste, maximale Breite besitzen. Da diese Zahlen für die Charakterisierung der Handelssorten von Wert sind, sollen sie hier wiedergegeben werden:

Art	häufigste, maximale Breite
Gossypium herbaceum	18,9 μ
„ barbadense	25,2 μ
„ conglomeratum	25,5 μ
„ acuminatum	29,4 μ
„ arboreum	29,9 μ
„ religiosum	33,3 μ
„ flavideum	37,8 μ

Während die Breite und Dicke der Haare einer einzelnen Art danach in verhältnismäfsig geringen Grenzen schwanken und innerhalb gewisser Grenzen konstant sind, schwankt die Länge der Haare selbst bei den Haaren eines einzigen Samens ganz beträchtlich. Wiesner teilt darüber folgendes mit:

Art	häufigste Länge	
Gossypium barbadense, Sea Island	4,05 cm	[4,10—5,20]
„ „ Brasilien	4,00 „	
„ „ Ägypten	3,89 „	[3,80—3,95]
„ vitifolium, Pernambuc	3,59 „	
„ conglomeratum, Martinique	3,51 „	
„ acuminatum, Indien	2,84 „	
„ arboreum, Indien	2,50 „	
„ herbaceum, Mazedonien	1,82 „	[2,00—2,80]
„ „ Bengal	1,03 „	

Das Baumwollenhaar ist eine langgestreckte Zelle, welche im grofsen und ganzen kegelförmig gebaut ist. Streckenweise ist das Haar häufig zylindrisch gebaut; oft ist es auch fast platt, bandartig. Jedes Haar wird von einer Wand umgeben. Das Innere, das Lumen, ist ohne Inhalt. Die äufserste Schicht der Zellwand (dieselbe besteht, wie bei allen Aufsenhäuten, aus mehreren Schichten) verhält sich gegen chemische Agentien verschieden von der gewöhnlichen Zellwand und wird Cuticula genannt. Dieselbe bedeckt die Zelle in Form eines äufserst dünnen Häutchens. Die Dicke der Zellwand ist verhältnismäfsig sehr grofs, und das Haar besitzt daher auch eine beträchtliche Festigkeit. Nach Wiesner beträgt die Dicke bis $^2/_3$ vom Zelldurchmesser. Die Zellwand des Baumwollenhaares besitzt keine Poren. Die schraubenwindenähnlichen Drehungen der Baumwollenhaare sind wohl charakteristisch für die Baumwolle, da keine andere Faser oder kein anderes Haar dieselbe aufweist; sie müssen jedoch nicht vorhanden sein und fehlen manchen Sorten fast regelmäfsig, ebenso wie bei der technischen Bearbeitung die

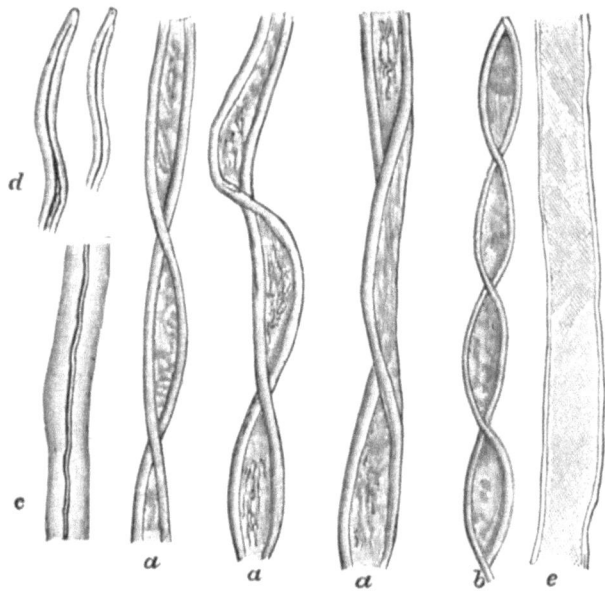

Fig. 58. Verschiedene Baumwollhaare (nach Wiesner).

Drehung der Haare verschwindet. Säuren und Alkalien quellen die Zellwand unter Streckung der Faser.

Die Cuticula läfst sich mit Kupferoxydammoniak sehr gut nachweisen. Dieses Reagens löst, wie schon erwähnt, die Zellulose, also die daraus bestehende Zellhaut, völlig auf, so dafs die Cuticula nur als dünne Hautfetzen übrigbleibt. Bei dieser Behandlung wird das Haar zunächst blasenförmig aufgetrieben, und die Cuticula bleibt als ringförmige Haut um die Zelle gelagert. Dieses Bild ist jedoch nicht charakteristisch, schon deshalb nicht, weil diese Form der Zellauflösung nicht bei allen

Arten zu beobachten ist. Charakteristisch ist nur, daſs bei der Behandlung mit Kupferoxydammoniak bei der Baumwollfaser stets die Cuticula in Form kleiner Fetzen zurückbleibt, während dieses bei Bastfasern nie eintritt, und zwar aus folgendem Grunde: Eine Cuticula besitzen nur Oberflächengebilde (und Samenhaare sind solche), während Bastfasern im Innern des Pflanzenteils liegen und daher keine Cuticula brauchen. In jeder Baumwollensorte finden sich zwischen den ausgereiften Haaren auch solche, welche nicht reif geworden sind. Sie besitzen nur eine schwach ausgebildete Cuticula und sind überhaupt sehr dünnwandig. Die Festigkeit dieser Fasern ist eine sehr geringe, weshalb sie technisch nicht verwertbar sind. Die Zeichnungen (Fig. 58) veranschaulichen die Form der Haare. Fig. *a—c* sind reife Haare teils mit Drehung, teils mit auſserordentlich starker Verdickung. Fig. *d* ist eine Haarspitze. Fig. *e* ein unreifes Haar.

Fig. 59. Baumwollenhaar mit Kupferoxydammoniak behandelt (n. Georgievics).

Fig. 59 stellt eine Baumwollenfaser, mit Kupferoxyammoniak behandelt, dar; eine bei manchen Sorten häufig auftretende Quellungsform.

Die ungereinigte Baumwolle besteht aus:

87—91 % Zellulose,
7—8 % Wasser,
0,4—0,5 % Wachs und Fett,
0,5—0,7 % Plasmareste,
0,12 % Asche,

spezifisches Gewicht 1,5.

Baumwolle ist etwas hygroskopisch. Kupferoxydammoniak löst Baumwolle bis auf die Cuticula-Reste auf. Im übrigen verhält sie sich chemisch genau wie Zellulose (siehe Tabelle II, S. 164/65). Wie schon bei der Zellulose erwähnt wurde, erleidet dieselbe, wie auch die Baumwolle, durch Alkalien eine charakteristische Veränderung, die nach ihrem Entdecker Mercer Mercerisation genannt wird. Behandelt man nämlich eine Baumwolle mit Natronlauge, die 21—24 % NaOH enthält, während

Fig. 60. Mercerisierte Baumwolle.

einer Minute in der Kälte, so findet eine Festigkeitszunahme von 20%, aber auch eine Verkürzung der Faser von 15% statt. Diesem letzten Übelstand begegnet man dadurch, dafs man die Baumwolle in gespanntem Zustand mercerisiert. Die Baumwolle erleidet durch diese Behandlung folgende Veränderungen: sie wird dicker unter Verringerung des Lumens. Aufserdem erhält die Baumwolle ein schönes seidenähnliches Aussehen. Die Drehungen des Fadens verschwinden naturgemäfs. Mercerisierte Baumwolle besitzt dieselben chemischen Eigenschaften wie gewöhnliche Baumwolle (Fig. 60). (Siehe Tabelle II, S. 164/65.)

Fig. 61. Haarschopf von Beaumontia grandiflora (nach Wiesner).

Die Baumwolle ist das neben Wolle am meisten verwandte Spinnmaterial. Sie wird zu Geweben aller Art verwandt, sowohl für sich allein als auch mit anderen Fasern zusammen. Gaze, Tüll, Plüsch, Samt, Krepp usw. sind teils reine Baumwollengewebe, teils werden sie unter Zusatz von Wolle oder Seide hergestellt (siehe bei Seide).

3. Vegetabilische Seiden (Asclepiaswollen). Die schopfartig angeordneten Flughaare der zu den Pflanzenfamilien der Apocynaceen und Asclepiadeen gehörigen Gewächse zeichnen sich durch verhältnismäfsige Länge und einen derartigen Seidenglanz aus, dafs man schon seit geraumer Zeit versucht hat, dieselben als Spinnmaterial zu verwerten. Alle Versuche sind aber bis jetzt daran gescheitert, dafs die Haare der benutzten Arten eine so geringe Festigkeit haben, dafs sie weder für sich noch mit anderen Fasern zusammen verarbeitet werden können. Die Haare selbst bestehen aus einer einzigen Zelle; sie sind bei allen Arten kegelförmig zugespitzt und stets ganz gerade ohne Drehungen und Windungen. Die Länge der Haare schwankt bei den verschiedenen Arten zwischen 2—6 cm.

Nach Wiesner liefert „Beaumontia grandiflora" (Fig. 61—64) die beste vegetabilische Seide. Dieselbe zeichnet sich vor allem durch eine sehr viel gröfsere Festigkeit aus. Auch in der Reinheit der Farbe zeichnet sie sich vor den Seidenhaaren der verwandten Arten aus.

Jod und Schwefelsäure färben die vegetabilischen Seiden gelb bis bräunlich. Kupferoxydammoniak ruft nur eine schwache Blaufärbung hervor. Schwefelsaures Anilin färbt alle Arten der vegetabilischen Seiden intensiv gelb, Phlogluzinsalzsäure violett.

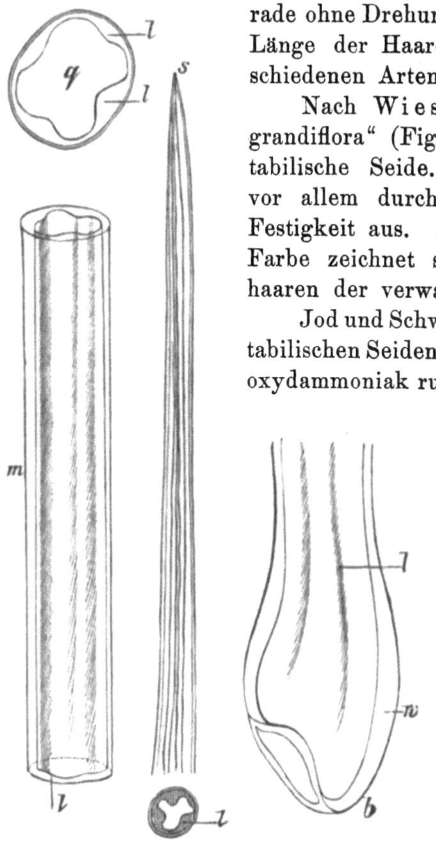

Diese Reaktionen beweisen, dafs die vegetabilischen Seiden nicht aus reiner Zellulose bestehen, sondern mehr oder weniger stark verholzt sind. Wiesners vergleichende Versuche haben ergeben, dafs „Beaumontia grandiflora" am wenigsten verholzt ist. Die vegetabilischen Seiden finden vornehmlich Verwendung zur Anfertigung

Fig. 62. Fig. 63. Fig. 64.
Haar vom Beaumontia grandiflora im Querschnitt und Flächenansicht; rechts unten Längsschnitt durch das untere Ende (nach Wiesner).

künstlicher Blumen, sowie als Watte und Polstermaterial.

4. **Die Wolle der Wollbäume.** Die Familie der Bombaceen zeichnet sich dadurch aus, dafs in den Fruchtkapseln eine sehr feine, seidenartige Wolle erzeugt wird, die sogenannte Bombax-

Die Gespinstfasern. 113

wolle. Morphologisch unterscheidet sie sich von den Baumwollen und den vegetabilischen Seiden dadurch, dafs sie an der inneren Fruchtwand angewachsen ist und nicht an den Samen. Die wichtigsten Arten der Bombaxwolle sind 1. „Paina limpa" aus Brasilien, die Wolle von Bombax heptaphyllos und Bombax Ceiba; 2. „Pflanzendunen" von Bombax malabarium (indische Pflanzendunen); 3. „Kapok" von Eriodendron anfractuosum, auch „silkcotton-tree" genannt. Die Bombaxwollen haben ähnlich wie die vegetabilischen Seiden einen starken Glanz, aber nur geringe Festigkeit und Dauerhaftigkeit. Bombaxwolle ist meist etwas gefärbt und schwach gelblich oder bräunlich. Die Haare sind mit ganz vereinzelten Ausnahmen einzellig. Die Gestalt ist kegelförmig. Die Länge schwankt zwischen 1—3 cm. Die Dicke der Wände ist sehr gering, was die geringe Dauerhaftigkeit uud leichte Zerreifsbarkeit der Faser vollkommen erklärlich erscheinen läfst. Die Cuticula dieser Wollhaare ist ziemlich stark. Bei genügender Vergröfserung erkennt man an der Basis der Haare eine netzförmige Streifung, wie in Fig. 65 veranschaulicht wird: Die Haare zeigen ebenfalls keine Drehungen und Windungen, und die unverletzten Haare sind stets gerade.

Durch Jod und Schwefelsäure werden die Haare gelb bis braun gefärbt. Kupferoxydammoniak verändert die Haare fast nicht. Phloroglazinsalzsäure ruft rotviolette

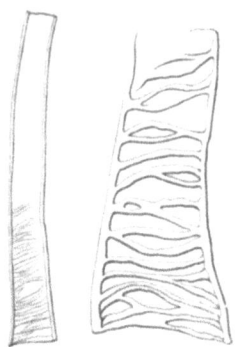

Fig. 65. Unteres Ende von Kapokhaaren in verschiedener Gröfse (nach Wiesner).

Färbung hervor. Mit Anilinsulfat werden die Fasern schwach gelb gefärbt. Die Bombaxwollen sind danach alle mehr oder weniger verholzt. Bemerkt sei hier noch, dafs sich die einzelnen Wollbaumarten in ihren Fruchthaaren fast nicht voneinander unterscheiden lassen. Die Bombaxwollen finden als Polstermaterial und Stopfmaterial sowie als Watte ausgedehnte Verwendung.

5. Stengel und Wurzelhaare verschiedener Farne. Verschiedene Baumfarne erzeugen am Stamm bezw. den Basen der Wedel eine Haarwolle von goldgelbem bis bronzefarbenem Aussehen. Diese Haare sind seidenartig-wollig und besitzen seidenartig-metallischen Glanz. Die Haare an sich sind ziemlich kurz. Diese Wolle wird in ihren Heimatländern, Sumatra, Sandwichinseln sowie auf Java, „Pennawar Djambi", „Pulu" und „Pakoe-Kidang" genannt und ist den Eingeborenen schon lange als blutstillendes Mittel bekannt. Technisch wird sie häufig als Polstermaterial verwandt, und sie scheint seit einiger Zeit auch in Europa Verwendung zu finden.

6. **Kokosfaser.** Die Kokosnufsfaser wird aus den Fruchtrinden der Nüsse von Cocos nucifera gewonnen. Die Gewinnung wird in folgender Weise bewerkstelligt: Die Fruchthüllen werden einem Röstprozefs ausgesetzt. Dabei stehen dieselben zeitweise

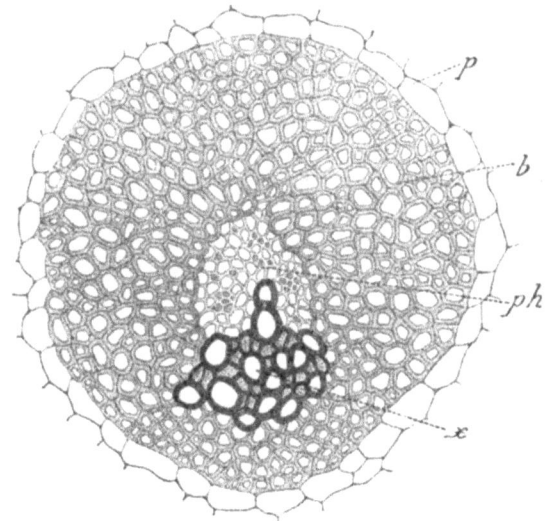

Fig. 66. Querschnitt durch ein Gefäfsbündel einer eben gereiften Kokosnufs (nach Wiesner). *b* Bastteil. *x* Gefäfse. *ph* Siebteil.

ganz unter Wasser. Während der übrigen Zeit werden sie an der Luft geröstet. Allmählich werden dadurch unter Mitwirkung von Organismen die Verbindungsgewebe der Gefäfsbündel herausgelöst, und nur die langfaserigen Gefäfsbündel bleiben in lockerem Verbande zurück. Dieses rohe Produkt wird dann noch weiter gereinigt und häufig gebleicht. Das Produkt heifst im Handel auch „Coïr".

Die Kokosnufsfaser stellt ein g a n z e s Gefäfsbündel (Fig. 66 und 67) dar, im Gegensatz zu den später beschriebenen, bei welchen die Fasern nur aus einem Teil, meist nur dem Bastteil des Gefäfsbündels, gebildet wird.

Wie aus den Figuren ersichtlich, besitzt die junge Faser aufser dem Holzteil des Gefäfsbündels auch noch einen Siebteil, welcher bei der alten Faser völlig fehlt. An dessen Stelle befindet sich in der Faser ein Hohlraum. Beim Rösten und Klopfen der Faser wird nämlich das Gewebe des zarten Siebteils zerstört, so dafs dasselbe völlig eintrocknet. Der Holzteil des Gefäfsbündels besteht aus verhältnismäfsig weiten, stark verdickten Zellen, den Gefäfsen, welche sehr verschiedene Gestalt aufweisen. Um den Holzteil liegt der Bastmantel herum, welcher aus kleinen, ebenfalls verdickten Zellen besteht.

Die ganze Faser ist deutlich verholzt und von brauner Farbe. Durch den Hohlraum in der Faser ist dieselbe aufserordentlich leicht und schwimmt auch nach ihrer Verarbeitung noch auf dem Wasser.

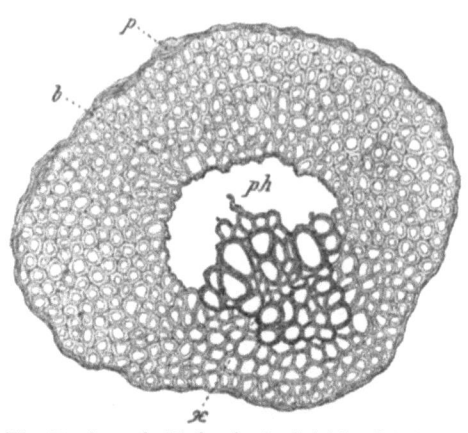

Fig. 67. Querschnitt durch ein Gefäfsbündel einer käuflichen Kokosnufs (nach Wiesner). *b* Bastteil. *x* Gefäfse. *ph* Siebteil.

Kupferoxydammoniak bringt die Faser zum Quellen und färbt sie blau.

Die Kokosfaser findet in der Teppichweberei, Mattenfabrikation, Bürstenmacherei usw. ausgedehnteste Verwendung.

7. **Manilahanf.** Aus den stammähnlichen, basalen Teilen der Blätter der Musaarten (Bananen) gewinnt man eine technisch viel verwertete Faser. Die „Stämme" werden nach verschiedenen Verfahren von allen Nebengeweben befreit, bis nur die reine Faser übrig bleibt. Der Manilahanf enthält aufser der Bastschicht auch noch Gefäfsbündel, welche inmitten der Bastzone liegen. Die Länge der Faser geht bis zu 2,5 m. Die Dicke beträgt meist 220 μ; doch sind sehr feine Sorten oft nur 15 μ stark im Durchmesser. Manilahanf ist gelblichweifs gefärbt und besitzt starken Glanz. Bemerkenswert ist, dafs er stark Wasser anzieht.

Jodlösung färbt Manilahanf gelb. Jodschwefelsäure färbt ihn intensiv dunkelgelb bis grünlich. Kupferoxydammoniak färbt die Faser blau, wobei sie quillt. Schwefelsaures Anilin färbt nur schwach gelb. Phlorogluzinsalzsäure färbt schwach violett.

Durch Behandlung mit Kalilauge lassen sich die Bastfasern aus den Gefäfsbündeln isolieren und erscheinen dann als zugespitzte, 2—2,7 mm lange und 29 μ dicke Fasern mit verdickten Wänden (Fig. 68). Die groben Arten des Manilahanfes werden

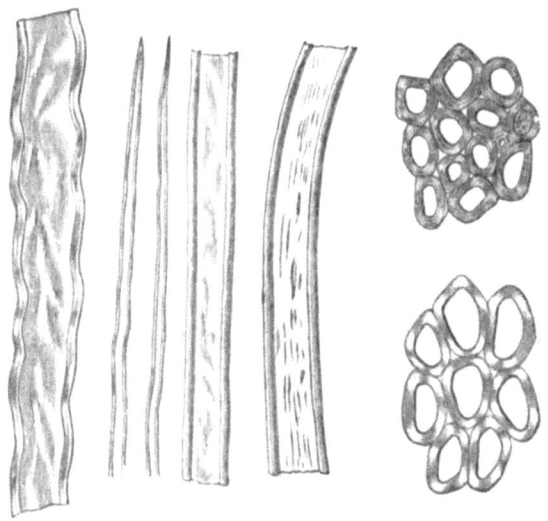

Fig. 68. Isolierte Bastfasern des Manilahanfes im Längs- und Querschnitt (nach Wiesner).

in der Seilerei und als Polstermaterial verwandt. Aus den ganz feinen Sorten werden feine Gewebe der verschiedensten Art hergestellt.

Agavefasern. Aus dem Blattgewebe besonders zweier Agavearten, der Agave americana (Aloë) und rigida, werden ebenfalls Fasern gewonnen, die für den europäischen Handel von Wichtigkeit sind und deshalb hier kurz erwähnt werden sollen:

8. **Agave americana** liefert „Pita", Agave rigida den „Sisalhanf". Beide Fasern werden aus den Blättern gewonnen, und zwar stellen sie die Baststränge und Teile der Gefäfsbündel

dar. Ähnlich wie beim Manilahanf werden bei der Gewinnung der Faser durch Schaben und Waschen die anhaftenden Gewebeteile des Grundgewebes und der Gefäfsbündel nach Möglichkeit entfernt. Dieses gelingt, wie sich aus dem anatomischen Bau des Blattes ohne weiteres ergibt, meist nicht vollständig, so dafs die Agavefasern häufig noch Gefäfsbündelbestandteile führen. Die Pitafaser wird gewöhnlich bis zu 1 m lang und ist sehr verschieden dick. Sie ist glanzlos und weifs bis schwach gelblich gefärbt. Nach den Enden zu ist die Faser zugespitzt. Jod färbt die Faser gelb, Jod und Schwefelsäure grünlichbraun. Kupferoxydammoniak quillt die Faser und bläut sie. Die Verholzung läfst sich durch die Gelbfärbung mit schwefelsaurem Anilin und Violettrotfärbung mit Phloroglucinsalzsäure nachweisen. Mit Chromsäure oder dem Schulzeschen Mazerationsgemisch werden die Fasern mazeriert. Man findet dann im Präparat neben den vorhandenen Bastfasern noch Gefäfse und Bastparenchymzellen. Letztere besitzen, wie bekannt, die schätzenswerten Eigenschaften der Bastfasern nicht. Die Bastfasern sind dünnwandig, die Enden stumpf, breit und verdickt. Im Querdurchschnitt erscheinen die Bastfasern polygonal. Die Pitefaser wird zu Seilen und Stricken und Bindfaden verarbeitet; ebenso findet sie in der Papierfabrikation Verwendung. In Europa wird sie als „Fiber" oder „Fibris" als Ersatz für Borsten in der Bürstenmacherei verwandt. Die zweite der hier zu erwähnenden Agavefasern ist:

9. **Der Sisalhanf.** Wie oben erwähnt, wird er vorherrschend von Agave rigida gewonnen. Sisalhanf ähnelt dem Pitahanf in jeder Hinsicht sowohl botanisch als auch bezüglich Kultur und Verwertung aufserordentlich. Auch die Gewinnung ist die gleiche. Erwähnt mag hier werden, dafs dunkle, fleckige Fasern von nicht genügendem Auswaschen herrühren. Auch diese Faser findet sich als „Fiber" im Handel. Ihre technische Verwertung ist dieselbe wie die des Pitahanfes.

10. **Der neuseeländische Flachs.** Diese Faser enthält, wie die vorigen, stets noch Gefäfsbündelteile, obwohl sie der Hauptsache nach aus Baststrängen besteht. Man gewinnt die Faser von der Pflanze Phormium tenax auf Neuseeland. Sie zeichnet sich durch grofse Festigkeit und Widerstandskraft aus. Merkwürdig ist, dafs diese Faser die Behandlung mit Wasser nicht besonders verträgt.

Die Bastfasern sind im Querschnitt polygonal mit deutlichem

Lumen. Die maximale Breite der Bastzellen beträgt nach Wiesner ca. 13 µ. Die Länge beträgt 2,7—15 mm. Die Rohfaser des neuseeländischen Flachses mazeriert man am besten mit Alkalien. Die rohe Faser ist meist ca. 1 m lang, weifslich-gelblich.

Anilinsulfat sowie Phlorogluzinsalzsäure geben die Holzreaktion. Rauchende Salpetersäure soll die Faser rot färben. Die technische Verwendung ist dieselbe wie die der vorgenannten Arten.

In ihren Eigenschaften den vorigen ähnlich ist:

11. **Die Sansevierafaser.** Dieselbe wird ebenfalls aus den Blättern der betreffenden Pflanzen (Lilien) hergestellt und enthält auch neben reinen Baststrängen häufig noch Gefäfsbündelanteile sowie Teile des Grundgewebes. Ähnlich wie bei der Kokosnufsfaser vertrocknet in der Faser häufig der Siebteil, so dafs die Faser ebenfalls einen Hohlraum führt. Nach Grailach beträgt die Länge der Bastzellen 2,8—6,2 mm, der Durchmesser 18—36 µ. Sie sind zylindrisch-stumpf zugespitzt. Die Faser zeichnet sich durch grofse Festigkeit aus. Sehr günstig ist der Umstand, dafs die Pflanze leicht zu kultivieren und die Faser leicht zu gewinnen ist. Die Fasern zeigen die Zellulosereaktion neben schwacher Verholzung.

12. **Espartofaser.** Von grofser technischer Bedeutung sind heute die Fasern dieses in heifsen, subtropischen Ländern wachsenden Grases geworden. „Esparto", „Sparto" oder „Alfa" sind die Bastfasern von Stipa tenacissima. Zur Gewinnung werden die zylindrischen Blätter verarbeitet. Diese Gräser wachsen in ihren Heimatländern wild. Zum Beginn der Reife der Samen werden die Blätter geschnitten, in Bündeln einer Tau- und Sonnenröste unterworfen und dann in den Handel gebracht. Die Gewinnung der Bastfasern gestaltet sich sehr einfach, da die Blätter („Espartohalme") fast nur aus Bastzellen, die einige Gefäfsbündel einhüllen, bestehen. Durch einfaches Zerschleifsen gewinnt man die rohe Faser, die, wie gesagt, nur sehr wenige fremde Elemente führt. Die Bastzellen reichen bis an das Oberhautgewebe, so dafs man bei mikroskopischen Präparaten aufser diesen stets einige Spaltöffnungen findet, die mit charakteristisch hakenförmigen Haaren besetzt sind. Durch diese Haare, welche die ganze Oberfläche des Blattes bedecken, fühlt sich die Faser rauh an und erhält ein mattes, graugrünes Aussehen.

Chemisches Verhalten: Jod und Schwefelsäure färben die Faser rostrot. Kupferoxydammoniak färbt die Faser grün.

Schwefelsaures Anilin färbt die Holzsubstanzen der Faser gelb. Die Bastzellen werden durch Kupferoxydammoniak blau gefärbt; sie quellen ungleichmäfsig auf und gehen schliefslich in Lösung über. Jod und Schwefelsäure färben die Bastzellen grüngelb; schwefelsaures Anilin gelb; Phloroglucinsalzsäure rotviolett. Die Bastzellen selbst sind also auch verholzt. Das Fasermaterial wird in der Seilerei und Papierfabrikation stark gebraucht. In Spanien werden auch Sandalen daraus angefertigt.

13. **Piassavefaser.** Diese Faser enthält zahlreiche Gefäfsbündel. Für die Gewinnung der Fasern kommen hauptsächlich zwei Piassavepalmen in Betracht: nämlich Attalea funifera in Brasilien und Raphia vinifera in Afrika. Beide Arten unterscheiden sich mikroskopisch dadurch, dafs die afrikanische

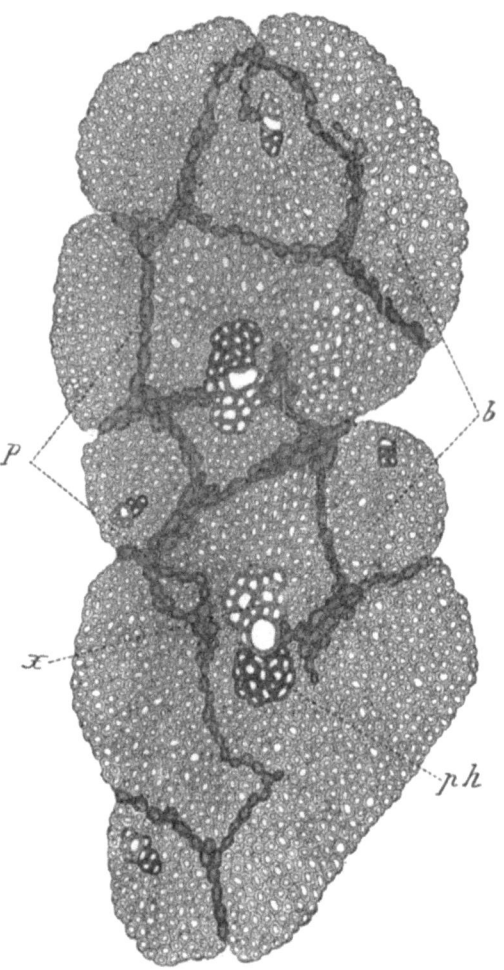

Fig. 69. Querschnitt der brasilianischen Piassave (nach Wiesner). *ph* Gefäfsbündel. *b* Bastteil.

Piassave stets nur ein Gefäfsbündel in einer Faser führt, während die brasilianische Art in einer Faser stets mehrere Gefäfsbündel enthält (Fig. 69). Die Farben sind zimtfarben bis schokoladenbraun. Ihre Länge beträgt meist 1,8 m, die Dicke bis 3,5 mm. Die Fasern sind meist kantig. Sie sind sehr elastisch.

Die Bastfasern haben eine Länge bis zu 0,9 mm. Die afrikanische Piassave liefert kürzere, platte und schmälere Fasern als die brasilianische und ist nach ihrem ganzen Verhalten minderwertiger. Neuerdings kommt aus Ceylon eine Piassave, die Borassus-Piassave (Bassine), auf den Markt. Sie schließt sich in ihren Eigenschaften den beiden echten Piassaven völlig an. Die Piassavefaser bleibt bei der Verwesung der Blätter der genannten Palmen als zähe, biegsame Faser am Stamme hängen und braucht dort nur gesammelt zu werden. Die Piassave ist sehr stark verholzt und muß zur Ausführung von Reaktionen unbedingt vorher vorsichtig gebleicht werden. Die Piassave findet hauptsächlich in der Bürsten- und Besenbinderei sowie zu groben Flechtarbeiten Verwendung.

14. **Pandanusfaser.** Sie stammt von Pandanus odoratissimus und Pandanus utilis und wird in ihren tropischen Heimatländern aus den Blättern auf sehr einfache Weise durch mechanische Bearbeitung gewonnen. Wiesner beschreibt die Faser folgendermaßen: Sie ist von graugelber Farbe, ohne Glanz, 40—70 cm lang und sehr ungleichmäßig dick. Die Festigkeit ist gering.

Chemisches Verhalten: Jod und Schwefelsäure färbt die Faser hellbraun. Schwefelsaures Anilin ruft Gelbfärbung hervor. Kupferoxydammoniak färbt ohne Quellung blau. Unreine Fasern werden durch Kupferoxydammoniak grünlichblau, durch Kalilauge gelblich gefärbt. Die Faser läßt sich leicht mazerieren. Die Bastzellen selbst sind 1—4 mm lang und von sehr verschiedener Gestalt und sind sehr ungleichmäßig verdickt. Die Fasern werden zu groben Geweben und Flechtwerken verwandt.

15. **Tillandsiafaser.** Sie stammt von Tillandsia usneoides in Südamerika und Westindien und kommt unter dem Namen vegetabilisches Roßhaar in den Handel. Die Tillandsiafaser besteht aus den ganzen Stengeln der Pflanze, welche nur geschält sind. Die Faser zeigt mithin dieselben Verzweigungen, die die Pflanze zeigt. Ähnlich wie bei den Kokosfasern und Sansevierafasern enthält sie Gefäßbündel und zwar sind in diesem Falle sämtliche acht Gefäßbündel in der Faser vorhanden. Bei diesen ist der Siebteil der Gefäßbündel vertrocknet. Die Gewinnung der Faser ist eine sehr einfache. Durch einen einfachen Röst-

prozefs wird die Rindenschicht abgelöst, so dafs der Bastteil frei daliegt. Die Dicke der Faser beträgt im Durchschnitt meist 150—160 μ. Die Faser ist glänzend bräunlich bis schwarz und wird häufig schwarz gefärbt auf den Markt gebracht. Mit Kalilauge läfst sie sich leicht mazerieren, so dafs die Sklerenchymfasern (Bastfasern) deutlich erkennbar sind. Die Farbenreaktionen mit Reagentien versagen wegen der Dunkelfärbung der Faser. Die Faser wird hauptsächlich und in sehr ausgedehntem Mafse als Polstermaterial benutzt.

16. **Flachs.** Diese Faser ist die Bastfaser von Linum usitatissimum, dem Lein oder Flachs. Man unterscheidet zwei Formen dieser Pflanze, den Schliefs- oder Dreschlein, der zur Fasergewinnung dient, und den Spring- oder Klanglein, dessen Samen als Futtermittel ausgiebigste Verwendung finden. Beides sind nur Kulturprodukte ein und derselben botanischen Art. Der Schliefslein ist höher als der Springlein, hat wenige und kleine Blüten und Samen, deren Kapseln nicht aufspringen.

Der Flachs wird in Europa, am meisten in Belgien, gebaut und erfordert viel Pflege und Aufmerksamkeit, damit schöne, lange Fasern erzielt werden. Guter Leinsamen soll ein Hektolitergewicht von mindestens 68 kg besitzen. Flachs wird allgemein als einjährige Pflanze gezüchtet und wird vor der Samenreife geerntet in der Weise, dafs die ganze Pflanze ausgerissen wird.

Die Flachsgewinnung besteht darin, dafs man die Bastteile des Flachsstengels durch verschiedene Operationen vollständig von allen anderen Gewebepartieen trennt. Zunächst wird die ganze Pflanze an der Luft getrocknet. Dann werden die Seitenäste und Früchte durch das sogenannte „Riffeln" beseitigt. Neuerdings hat man besondere Maschinen dazu konstruiert. Das zurückbleibende Flachsstroh wird durch den „Röstprozefs" gelockert, so dafs die Abscheidung der Bastfasern leicht vor sich geht. Die verschiedenen Röstmethoden sind folgende: Tau-, Kaltwasser-, Warmwasser-, Dampf- und gemischte Röste.

Die Tauröste: Der Flachs wird auf Wiesen ausgebreitet und der Einwirkung des Taues und der Luft unter häufigem Umlegen überlassen. Nach 3—8 Wochen ist die Röste vollendet.

Die gemischte Röste: Hier wird nach kurzer Tauröste der Flachs einer Wasserröste unterworfen.

Die Kaltwasserröste: Der Flachs wird in eigens gebauten Kästen in fliefsendes Wasser gestellt, nach einer Woche herausgenommen, getrocknet und abermals geröstet. Die ganze Röste dauert bis drei Wochen. Schlammröste und Schwarzröste sind besondere Modifikationen der Kaltwasserröste.

Die Warmwasserröste wird bei 27—35° C. ausgeführt.

Nicht bewährt hat sich die Dampfröste. Der Zweck der Röste ist der, die Bindesubstanz zwischen den Geweben aufzulösen, was durch Organismenwirkung in hohem Grade erreicht wird. Durch diese Röste, unterstützt durch die Organismenwirkung, wird alles bis auf die Zellulose aus dem Gewebe gelöst. Die Organismenwirkung ist als eine Gärung, Pektingärung, anzusehen.

Die geröstete Faser wird nun durch Klopfen, Brechen und

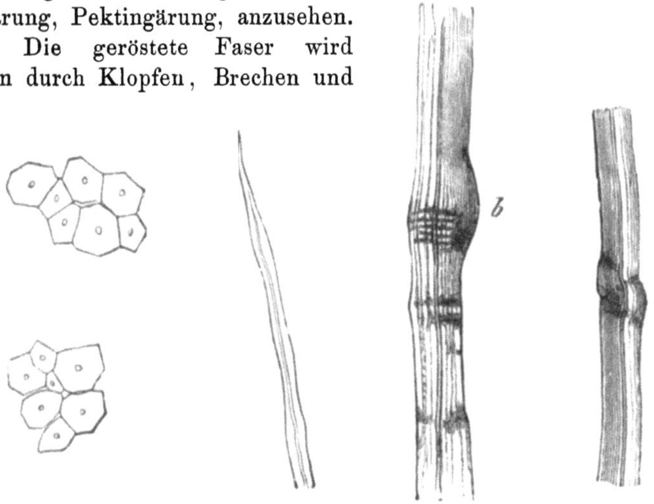

Fig. 70. Bastfasern des Leines im Längs- und Querschnitt (nach Berthold). *b* Verschiebungen.

Schwingen mechanisch von den nicht brauchbaren Geweben getrennt. Durch das folgende Hecheln wird der Flachs roh gekämmt und werden die kurzen Fasern als Werg ausgeschieden. Die Länge der Flachsfasern beträgt 0,2—1,4 Meter. Die Breite beträgt zwischen 45—60 µ. Sehr gute Flachssorten sind lichtblond; je nach dem Röstverfahren sind die Fasern auch dunkel, bis fast schwarz. Der Flachs zeichnet sich durch starken Seidenglanz aus. Flachs besteht zu' ca. 85 % aus Zellulose, 1,6 bis 2,0 % Fett, ca. 4 % Eiweiß, Zucker usw.

Mikroskopie des Flachses: Um ein Bild der unveränderten Bastzellen des Leines zu erhalten, kocht man Leinstroh einige Minuten in Wasser. Nach Entfernung der Rinde lassen sich die Bastzellen leicht isolieren. Die Bastzellen sind mehrere Zentimeter lang und erscheinen als gerade, sehr gleichmäfsig dicke, durchsichtige Röhren, die im übrigen strukturlos sind. An manchen Fasern, namentlich nach der Röste, findet man „Knoten" und „Verschiebungen" an den Fasern, die durch eine Behandlung mit Chlorzinkjod stärker und deutlicher hervortreten. Diese „Verschiebungen" und „Knoten" treten an dem gehechelten und verarbeiteten Lein noch viel deutlicher und schärfer hervor.

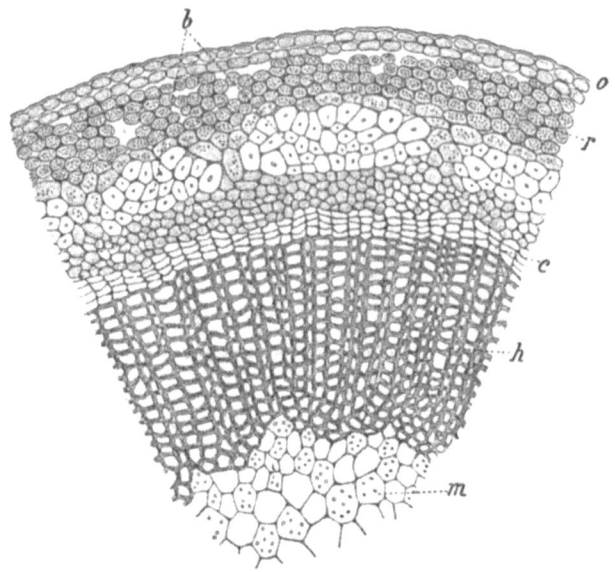

Fig. 71. Querschnitt durch einen Flachsstengel (nach Wiesner).
b Bastfaserbündel.

Aus Figur 70 u. 71 sind die gewöhnlichen, mikroskopischen Bilder ersichtlich.

Chemisches Verhalten: Flachsfaser als fast unverholzte Zellulose wird durch Jodschwefelsäure blau gefärbt. Anilinsulfat färbt die Faser nicht, ebensowenig Phlorogluzinsalzsäure. Durch Kupferoxydammoniak quillt die Faser sehr auf, ohne sich aber klar zu lösen; es bleibt schliefslich eine körnig-gelatinöse Masse zurück. Die Faser besitzt keine Cuticula. Spezifisches Gewicht 1,5. Chromsäure löst die Faser nach längerer Einwirkung auf.

Wenn mit Anilinsulfat oder Phlorogluzinsalzsäure eine schwache Reaktion eintritt, so deutet das stets auf minderwertigen, noch Holzteile enthaltenden Flachs hin.

Flachs findet als Spinnstoff zu Geweben aller Art die ausgedehnteste Verwendung. Gegen Bleichmittel und Chlorkalk ist Flachs ziemlich empfindlich. Die gebleichte Faser nimmt Farbstoffe schwerer auf als Baumwolle.

Die Leinenfaser nimmt Methylenblau auf, welches nur schwierig anzufärben ist. Die Streifung der Leinfaser wird dadurch besonders bei Anwendung von Glyzerin deutlicher sichtbar.

17. Hanf. Der Hanf ist die Bastfaser der Hanfpflanze (Fig. 72), Cannabis sativa. Der Hanf wird ähnlich wie der

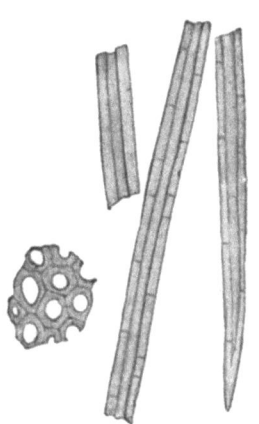
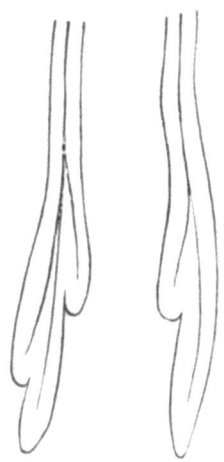

Fig. 72. Hanfbastfasern im Längs- und Querschnitt (nach Hager-Mez).

Fig. 73. Enden der Hanfbastfaser (nach Georgievics).

Flachs in zwei Modifikationen zur Faser- und Ölgewinnung gezüchtet. Hanf ist zweigeschlechtig auf verschiedenen Pflanzen. Die männlichen Hanfpflanzen liefern den feinsten Hanf. Er wird wie der Flachs gerauft, während der weibliche Hanf geschnitten wird. Die Manipulationen der Fasergewinnung sind dieselben wie beim Flachs. Nach dem Riffeln werden die Pflanzen gedörrt, dann gebrochen, geschwungen und gehechelt. Gewöhnlich wird eine Kaltwasserröste angewandt. Als Produkte des Hechelns erhält man Reinhanf und Werg. Die Hanffaser hat gewöhnlich eine Länge von 1—2 Meter und darüber. Die Farbe des Hanfes geht von weiſs über grau ins grüne und gelbe. Je weiſser der Hanf, desto besser ist er. Der gelbe Hanf ist der geringste. Je besser die Qualität desto stärker der Seidenglanz. Hanf läſst sich nicht so vollkommen von den letzten Spuren der anhaftenden Gewebeteile befreien wie Flachs. Man findet daher stets selbst in dem bestgehechelten Hanf Bastparenchymzellen, die sich zu Spinnzwecken nicht eignen. Die Struktur des Hanfes ist folgende:

Die ganze Hanfbastzelle zeigt groſse Ähnlichkeit mit der Flachszelle. Das Lumen ist breiter als das der Flachszelle. Die ganze Faser ist ungleichmäſsig dick. Wie beim Flachs treten auch hier Verschiebungen, Querspalten und Längsrisse auf. Die Enden der Faser sind stumpf, dickwandig und manchmal gegabelt (Fig. 73). Wenn diese Eigenschaft auch charakteristisch ist, so fehlt sie doch häufig beim Hanf, so daſs man aus dem Nichtvorhandensein dieser stumpfen Enden nicht ohne weiteres auf Abwesenheit von Hanf schlieſsen kann. Die Querschnitte des Hanfes unterscheiden sich von dem des Flachses dadurch, daſs die Kanten abgestumpft sind und daſs das Lumen linienförmig, oft verzweigt ist.

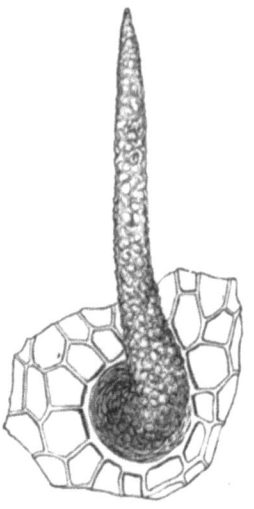

Fig. 74. Epidermishaar des Hanfes (nach Wiesner).

Der Hanf besteht aus Zellulose und enthält daneben nicht unerhebliche Mengen von Holzsubstanz. Das spezifische Gewicht beträgt 1,48. Jod und Schwefelsäure färbt die Hanffaser grünlich-schmutzig gelb. Konzentrierte Salpetersäure färbt Hanf schwach gelb. Mit Kupferoxydammoniak behandelt, quillt die Faser blasig auf, färbt sich blau-grün, löst sich nicht, sondern zeigt zarte Längsstreifung, die Bastzellen lösen sich, die übrigen Bestandteile bleiben zurück. Die Hanffasern sind schwach verholzt. Mit Anilinsulfat bezw. Phlorogluzinsalzsäure tritt daher eine schwache, aber immerhin deutliche gelbe bezüglich rötlich-violette Färbung ein. Seine fast ausschlieſsliche Verwendung findet der Hanf in der Seilerei und zeichnet sich hier vor anderen Fasern dadurch aus, daſs er sich gut teeren läſst, mithin auch zu Schiffstauen verwendbar ist. Zur Erkennung des Hanfes leisten die namentlich bei geringeren

Qualitäten häufig anhaftenden Haare (Fig. 74) vom Oberhautgewebe gute Dienste.

Mikroskopische Unterscheidung von Lein und Hanf: Hanf ist schwach verholzt, Lein nicht. Hanf: dicke, häufig gegabelte Faserenden. Lein: spitze Faserenden. (Näheres siehe Tabelle.)

18. **Gambohanf.** Hibiscus cannabinus, eine einjährige Malvacee in Indien, liefert eine Faser, welche unter vorstehenden Namen auf den europäischen Markt kommt. Dieser Hanf ist von weifslicher Farbe mit geringem Glanz. Die Länge ist sehr ungleich. Sie schwankt von einigen Zentimetern bis fast Meterlänge. Die gröberen Fasern haben eine Dicke von 40—150 µ. Jodlösung färbt die Faser goldgelb. Darauf mit Schwefelsäure versetzt, wird die Faser unter starker Quellung indigoblau. Kupferoxydammoniak löst allmählich die Bastfasern bis auf die innerste Zellwandschicht auf. Schwefelsaures Anilin färbt die Faser schwach gelb. Phorogluzinsalzsäure färbt schwach violett. Die Fasern sind nur wenig verholzt. Kalilauge sowie Chromsäure mazerieren die Faser vollständig.

19. **Sunn.** Ist die Bastfaser von Crotolaria juncea. Die Farbe der Faser ist blaugelb mit starkem seidenartigem Glanz. Die Gewinnung vollzieht sich in analoger Weise wie beim Hanf und Flachs. Auffallend ist, dafs diese Faser so wenig hygroskopisch ist. Während gewöhnlich die Fasern bis zu 20 % H_2O aufnehmen, wird das Maximum der Sättigung bei der Sunnfaser schon bei rund 11 % erreicht. Die Faser ist nur schwach verholzt, und zwar nur in der äufseren, leicht abtrennbaren Schicht. Anilinsulfat färbt die Faser schwach gelb, Phorogluzinsalzsäure schwach rötlich. Jod färbt die Faser gelb und Schwefelsäure kupferrot. Kupferoxydammoniak färbt die Faser zunächst blau und bringt sie schliefslich in Lösung. Chromsäure sowie Alkalien mazerieren die Faser vollständig. Die mazerierte Faser läfst folgendes erkennen: Sie besteht aus prosenchymatischen Bastzellen, gewönlich 4,5—7 mm lang und 20—42 µ breit. Die Enden der Bastzellen sind stets stumpf und verdickt. Die prosenchymatischen Fasern sind von parenchymatischen dünnwandigen Zellen begleitet.

20. **Ramie.** Die Ramie (oder Chinagras) gehört zur Gruppe der Nesselfasern, und zwar stammt das unter dem Namen Ramie auf den Markt kommende Produkt von zwei einander sehr ähn-

lichen Pflanzen, nämlich Boehmeria nivea forma chinensis (weifse chinesische Nessel) und Boehmeria nivea forma indica (grüne Ramie oder Rhea). Die Nesselfasern allgemein sind sehr widerstandsfähig gegen Luft und Wasser, deshalb sind sie auf dem Markt so gesucht und nimmt die Verwertung der Ramie in ganz aufserordentlichem Mafse zu. (Über Nesselfasern aus den deutschen Nesseln, siehe unter Nr. 21.) Die Ramiepflanze wird in China und Indien seit uralten Zeiten kultiviert. Die Pflanzen unterscheiden sich von den Nesseln dadurch, dafs sie keine Brennhaare haben. Die Ramiepflanze liefert bei richtiger Zucht und Pflege sehr reichlich Bastfasern. Zunächst gewinnt man nach all den verschiedenen Präparationsverfahren nur eine Rohfaser, die aus ganzen Bündeln von Bast, denen noch allerhand Verunreinigungen anhaften, besteht. Diese Rohfaser hat einen hohen Festigkeitsgrad und wird zu Seilerarbeiten benutzt. Um die Faser für Spinnereizwecke brauchbar zu machen, wird sie „cotonisiert". Wie diese kotonisierte Ramie hergestellt wird, ist nicht bekannt. Nach Wiesner scheint die Kotonisierung in einer Art Mazerisation zu bestehen. Die Bastbündel werden dadurch in die einzelnen Fasern zerlegt. Gleichzeitig findet wohl eine Bleichung statt. Derartig kotonisierte Ramie ist schneeweifs, mit schönem, seidigem Glanz. Die Entwicklung der Bastzellen in der Ramiepflanze wird durch die Figuren 75 u. 76 sehr gut veranschaulicht. Dieselben sind Wiesners Rohstoffe des Pflanzenreiches entnommen.

Die Gewinnung der Rohfaser geschieht häufig nach alten primitiven Verfahren. Erst neuerdings hat man versucht, Abscheidungsverfahren mittels Maschinen einzuführen. Die Rohfaser wird nur von den Rindenteilen befreit, dann werden die Baststreifen abgezogen und durch Schaben von den noch anhaftenden Geweberesten befreit. Nach den neueren Verfahren wendet man auch eine Art Röstverfahren an. Es ist leicht verständlich, dafs dieser rohe Bast noch Reste der anderen Gewebe enthält. Er ist bandartig und je nach der Sorgfalt der Arbeit weifslich bis hellbraun oder grünlich. Die Rohfaser ist nur wenig verholzt, wie die Holzstoffreaktion mit Anilinsalzen oder Phloroglnzinsalzsäure zeigen. Die Bastzellen enthalten noch etwas Stärke, welche sich mit Jod durch die bekannte Blaufärbung zu erkennen gibt. Die rohe Ramiefaser besitzt eine aufserordentlich grofse Festigkeit und Zähigkeit. Dieselbe läfst sich an einem Vergleich mit Flachs, Hanf und Baumwolle am besten erkennen. Die Tragfähigkeit von Ramie, Flachs, Hanf und Baumwolle verhält sich wie 1 : 0,25 : 0,33 : 0,33.

Die Rohfaser eignet sich sehr gut zur Herstellung dauerhafter Netze, Seile usw. Die kotonisierte Ramie, französisch linosoie, besteht aus den einzelnen Bastfasern der Pflanze. Wie oben schon bemerkt, ist die beste Qualität rein weiſs, geringere Sorten

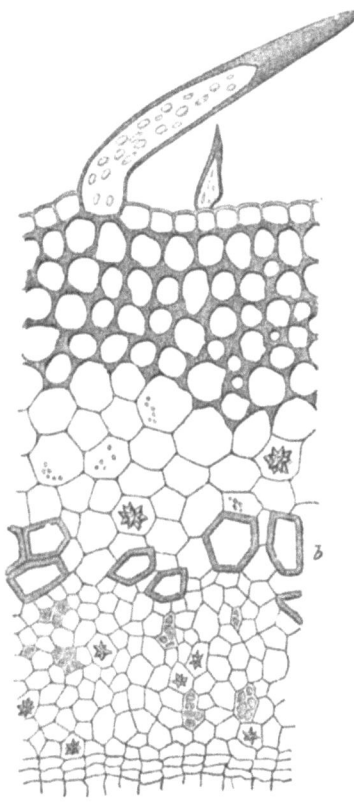

Fig. 75. Querschnitt durch Ramiestengel (nach Wiesner). b junge, in Entwicklung befindliche Bastfasern.

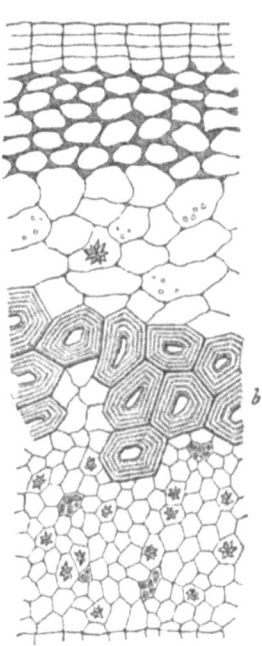

Fig. 76. Querschnitt durch Ramiestengel (nach Wiesner). b alte Bastfasern.

sind etwas gelblich. Die Länge einer Faser beträgt meist 120 bis 150 mm, steigt aber auch nach Messungen von Parić auf 220 mm, ja bis auf 520 mm. Der Durchmesser beträgt meist 50 μ.

Die Fasern sind nach beiden Enden verschmälert. Die Enden selbst sind abgerundet. Die Zellen sind zylindrisch mit unregel-

Chemisches Verhalten: Spezifisches Gewicht 1,51 bis 1,52. Jodlösung färbt den Inhalt der Bastzellen violett, was von der aufgespeicherten Stärke herrührt. Jod und Schwefelsäure färben die Rohfaser und kotonisierte Faser kupferrot bis blau, je nach dem Reinigungsgrad. Kupferoxydammoniak bringt die Fasern zum Quellen, ohne sie ganz zu lösen. Die Holzreaktion (= Ligninprobe) mit Anilinsalzen, sowie Phlorogluzinsalzsäure versagt. Die kotonisierten Fasern sind also völlig unverholzt. Die Ramiefaser wird ungefärbt und gefärbt zu den verschiedensten Zwecken versponnen und verwebt. Bei Herstellung von Möbelstoffen, Kleiderstoffen usw. findet sie ausgedehnte Verwendung.

21. **Nessel.** In früheren Jahrhunderten, ehe man die Baumwolle kannte, wurde in Deutschland die Bastfaser der grofsen Brennessel, Urtica dioca, zu Gespinsten verwandt. Man stellte daraus ein von anhaftenden Verunreinigungen etwas grünliches Garn, das Nesselgarn, her. Wenn auch heute noch hier und dort solches Nesselgarn und Nesseltuch in der Hausindustrie hergestellt wird, so spielt die Faser als Spinnstoff doch gar keine Rolle mehr. Die Nessel wird während der Blüte geerntet, da die Fasern dann am zartesten und biegsamsten sind. Die Vorbereitung zur Fasergewinnung, sowie die Präparation geschieht in analoger Weise wie beim Hanf. Durch die Anwendung einer Kaltwasserröste von wenigen Tagen, sowie das darauffolgende Brechen und Hecheln erhält man eine sehr feine, glänzende Faser.

22. **Jute.** Mehrere Corchorusarten aus der Familie der Linden liefern eine Faser, welche unter dem Namen „Jute" in den Handel gebracht wird. Die für die Gewinnung der Faser hauptsächlich in Betracht kommende Pflanze heifst „Corchorus capsularis" und wird hauptsächlich in Indien und Asien kultiviert. Die krautigen Pflanzen werden 3—4 m hoch und führen aufserordentlich viel Bastfasern. Die Jutepflanze ist leicht zu bauen. Die Ernte wird mit Rücksicht auf die Qualität der Faser zu Beginn der Samenreife vorgenommen, und zwar wird die Pflanze geschnitten, nicht grauft, da der Bast der Wurzel und des Fufsendes als Spinnmaterial nicht brauchbar ist. Der Bast dieser Teile wird in der Papierfabrikation verwandt. Die geschnittenen Pflanzen läfst man abwelken und unterwirft sie dann einer Kaltwasserröste. Bei der Röste fasert der Bast gleichzeitig sehr stark, so dafs er sich nachher sehr rein und in Form einzelner Fasern abtrennen läfst. Die Jutefaser besitzt gewöhnlich eine Länge

Die Gespinstfasern.

mäfsigen Konturen. Die Ramiebastzellen besitzen ebenfalls Verschiebungen.

Die Figur 77 a nach v. Höhnel stellt in 340 facher Vergröfserung die Chinagrasfaser in der Längsansicht und im Querschnitt dar. In Nr. 1 sind bei v die Verschiebungen sichtbar. Ebenso in Figur e nach Hausseck, wo die Faserenden in 60 facher Vergröfserung gezeichnet sind. Figur 77 b a—d nach Wiesner gibt bei 600 facher Vergröfserung kotonisiertes Chinagras in der Längsansicht wieder. s sind Spalten und Risse in der Faser. st sind Stärkekörner in körnigem und

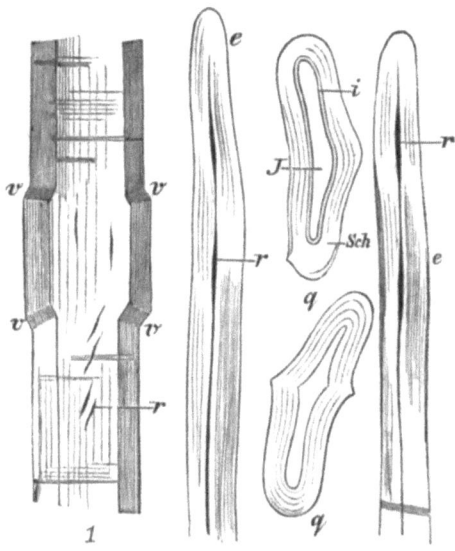

Fig. 77 a. Ramiebastfasern (nach v. Höhnel).

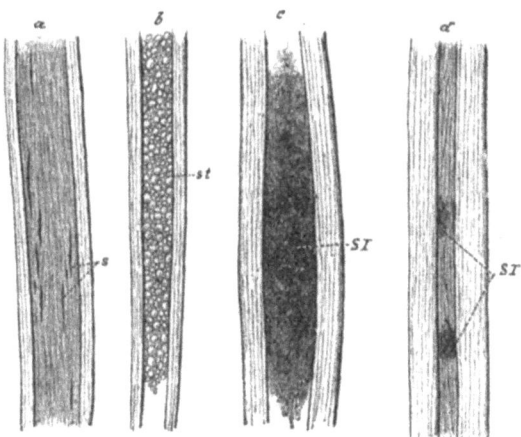

Fig. 77 b. Ramiebastfasern.

in gequollenem Zustand. Die Bastzellen bestehen aus fast reiner Zellulose.

Achert-Bischkopff, Chem.-botan. Leitfaden.

von 1½—2½ m und ist in reinstem Zustande fast weifs. Weniger reine Sorten sind weifs mit einem Stich ins Gelbe oder Bräunliche. Die Jutefaser dunkelt an der Luft allmählich nach und wird schliefslich oft tief braun. Die Jute wird um so besser bewertet, je heller sie ist und je stärker der Glanz ist. Derselbe ist bei guten Qualitäten sehr stark.

Das spezifische Gewicht der Jute beträgt 1,436. Die Jute hat mit dem Flachs und der Baumwolle ungefähr die gleiche Festigkeit; dieselbe ist aber viel geringer als die des Hanfes.

Chemisches Verhalten: Jute ist stets stark verholzt, wie die Ligninreaktionen zeigen. Die Zellulose der Jutefaser bildet mit der Holzsubstanz derselben eine Verbindung von besonderen Eigenschaften, die Bastose. Mit Chlor verändert sich die Bastose derart, dafs sie nachher durch Alkalibisulfit fuchsinrot gefärbt wird. Unterscheidung der Jute von den genannten Fasern durch die Ligninreaktion:

	mit Anilinsulfat	mit Phlorogluzinsalzsäure
Baumwolle	nicht gefärbt	nicht gefärbt
Flachs . .	nur unreine Sorten schwach gelb	nur unreine Sorten schwach rot
Hanf. . .	gelb	rot
Jute . . .	stark gelb	deutlich rot

Jodlösung färbt Jute intensiv goldgelb. Jodschwefelsäure färbt Jute braungelb, an manchen Stellen grünlich-blau. Konzentrierte Salpetersäure färbt Jute rotbraun. Mazeriert man Jute mit Chromsäure oder Kalilauge, wäscht aus und färbt dann mit Jodschwefelsäure, so tritt intensive reintönige Blaufärbung ein. Kupferoxydammoniak färbt die unbehandelte Jute bläulich unter schwacher Quellung. Mazerierte Jute wird dagegen glatt aufgelöst. Gebleichte Jute verhält sich wie reine Zellulose.

Charakteristische Jutereaktion: Jute wird mit konzentrierter Salzsäure und chlorsaurem Kali gelb. Man saugt die Flüssigkeit nach einer Minute mit Filtrierpapier auf und gibt Ammoniak im Überschufs zu. Ungebleichte Jute wird blutrot; gebleichte Jute rotbraun. Mikroskopische Präparate der Jute zeigen die Figuren 78 u. 79.

Das Mazerierungsverfahren läfst erkennen, dafs die Jute nur aus Bastzellen besteht. Die Länge derselben beträgt 0,8—4 mm.

Der Durchmesser beträgt 16—20 µ. Charakteristisch für die Jute ist die durchaus ungleichmäfsige Verdickung der Zellwände der Bastfasern (siehe Fig. 78 u. 79). Der Querschnitt der Fasern zeigt deutlich wie der Längsschnitt die ganz unregelmäfsige Verdickung der Zellen. Gebleichte Jute läfst sich gut färben.

Aus den gewöhnlichen Jutequalitäten werden Stricke, Seile, Packtücher usw. hergestellt. Die feineren Jutesorten dienen zur Herstellung von Dekorationsgegenständen, Decken, Polstern usw.

23. Lindenbast. Als Beispiel der nur Bast und keine spinnbare Faser liefernden Pflanzen soll hier der Lindenbast besprochen werden. Bast liefern hauptsächlich „Tilia grandifolia", „parvifolia" und „americana". Der Bast wird in ähnlicher Weise wie die bisher besprochenen Fasern gewonnen. Die Rinde der Bäume wird geschält, wenn die Bäume ein genügendes Alter erreicht haben. Durch eine Kaltwasserröste wird dann der Bast isoliert und in Streifen abgezogen. Diese Baststreifen sind geschichtet, und man trennt die einzelnen Schichten durch Abziehen voneinander, da die innersten und jüngsten Schichten weniger verholzt sind als die äufseren älteren. Der Lindenbast ist 1 bis 2,5 m lang. Seine Breite schwankt zwischen 2—5 cm. Die Dicke einer Bastlage beträgt 40—80 µ. Alter Bast ist meist gelb bis braun, junger Bast höchstens schwach gelb gefärbt. Die Lage der Bastzellen läfst sich an Schnitten durch Lindenholz leicht feststellen, und die Bastfasern und Bastparenchymzellen sind auch dort sehr charakteristisch. Die Sklerenchymfasern im Siebteil werden als Bastfasern, die Parenchymzellen als Bastparenchym bezeichnet; im Holzteil nennt man sie Holzfasern bezüglich Holzparenchym. Die Figur 80 a—c zeigen links eine Bastfaser (a), daneben (b) eine Holzfaser aus dem Lindenstamm. Zum Vergleich (c) eine

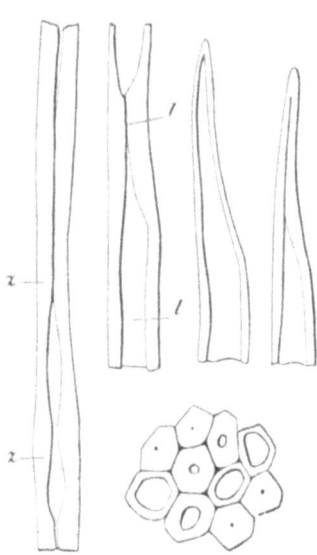

Fig. 78. Fig. 79.
Jutefasern im Längs- und Querschnitt, *l* Lumen (nach Wiesner).

Die Gespinstfasern. 133

Holzfaser aus einem Nadelholzbaum. Die Holzfasern sind kürzer, mit breiterem Lumen und enthalten oft noch Reste des ursprünglichen Inhalts. Aufserdem zeigen sie Tüpfelung (c).

Wie aus den Figuren 81 und 82 ersichtlich, heben sich die Bastzellen namentlich im Querschnitt sofort von den

Fig. 81. Querschnitt durch den sekundären Rindenteil des Lindenholzes (nach Strafsburger). *l* Bastfaserzellen.

Fig. 80. Isolierte Fasern (nach Strafsburger).

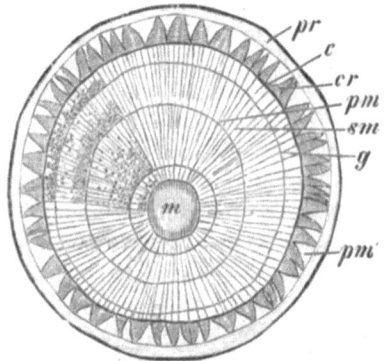

Fig. 82. Querschnitt durch einen vierjährigen Lindenzweig (nach Strafsburger). *cr* Baststreifen.

anderen Zellen ab. Sie fallen sofort im Rindengewebe durch ihre polygonale, meist sehr gleichmäfsige Faser mit ziemlich scharfen Rändern und ihre silberweifse Farbe auf. Das sehr enge Lumen erscheint im Querschnitt nur als dunkler Punkt.

Chemisches Verhalten. Jodlösung färbt Bast intensiv dunkelgelb. Jodschwefelsäure färbt schmutzigbraun. Kupferoxydammoniak bläut die Faser ohne Quellung. Schwefelsaures Anilin und Phloroglnzinsalzsäure färben je nach dem Alter und dem Grad der Reinigung den Bast deutlich gelb bis zitrongelb, bezüglich rot bis schwach violett.

Der Bast findet zur Anfertigung von Flechtarbeit und als Bindematerial Verwendung.

24. **Juccafaser.** Die Fasern dieser Pflanze wurden früher in Virginien zur Anfertigung von Geweben benutzt. Heute wird die Juccafaser nur noch zur Papierfabrikation gebraucht.

25. **Bambusfaser.** Zur Verwendung in der Papierfabrikation werden in China hauptsächlich die ganzen Bambusrohrstengel mazeriert, so dafs sich im Papier alle Elemente des Gewebes, Oberhaut, Fasern, Gefäfse usw., vorfinden. Bei der Bambusfaser sind die Bastbündel im Grundgewebe zerstreut. Im Bambuspapier findet man stets zwei Sorten von Bastfasern: poröse und porenfreie. Alle Bastzellen sind verholzt. Am sichersten erkennt man Bambusfasern im Papier an den Oberhautresten, die durch Poren, Schliefszellen und kleine verkümmerte Zellen charakterisiert sind.

26. **Torffasern.** Die Torffaser enthält, wie die mikroskopische Beobachtung lehrt, die Blätter und Blattstücke von Torfmoosen, sowie Stengel und Blatteile neben Bastteilen des Wollgrases. Die Torffaser wird sowohl in der Papierfabrikation als auch zur Herstellung grober Gewebe verarbeitet. In Papier weist man die Torffaser einmal durch die Blattreste von Torfmoosen, andererseits auch durch die verholzten Oberhautzellen des Wollgrases nach (Anilinsulfat). Die Faser wird meist zur Herstellung graubrauner ungeleimter Fliefspapiere benutzt. Zur Fasergewinnung eignet sich Torf, der vornehmlich aus den Resten der Baststränge des Wollgrases besteht, am besten. Nebenher findet man stets in dieser Faser auch Reste anderer Sumpfpflanzen. Oberhaut und Gefäfsbündel von Eriophorum (Wollgras) sind verholzt und bleiben dann erhalten. Die Torffaser ist stets bräunlich gefärbt und hat eine Länge von 40—60 mm. Die Dicke

Die Gespinstfasern.

ist 10—100 μ. Charakteristisch ist, daſs nicht nur die Bastzellen, sondern auch die Oberhautreste verholzt sind. Die Torffaser glimmt etwas und brennt, ohne zu flammen.

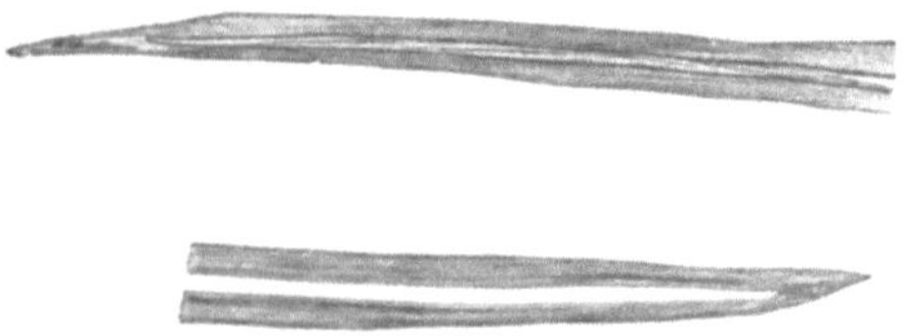

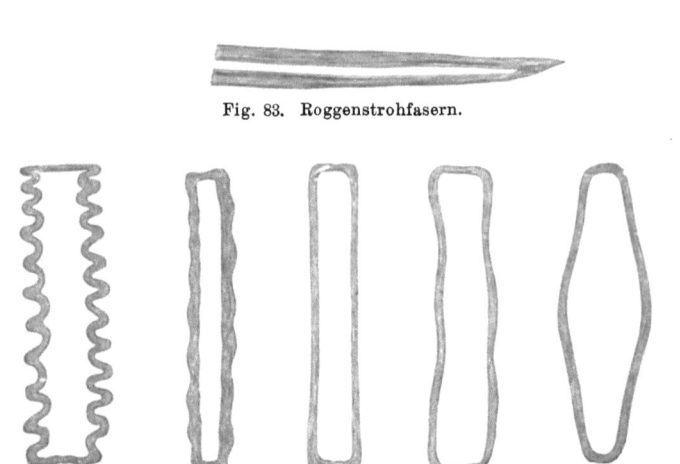

Fig. 83. Roggenstrohfasern.

Roggen   Reis   Weizen   Hafer   Gerste
Fig. 84. Epidermiszellen von Roggen-, Reis-, Weizen-, Hafer- und Gerstenstroh.

Die Torffaser wird für sich oder mit anderen Fasern zusammen zu Decken, Teppichen, Watte, Bekleidungsstoffen usw. verarbeitet und hat wie der Torf aseptische Eigenschaften.

27. **Strohfasern.** Zur Papierfabrikation wird vorzugsweise Roggen- und Maisstroh verwandt. Diese Papiere enthalten daher neben den Bastzellen, die wenig charakteristisch sind, Teile sämtlicher Gewebe der verwendeten Pflanzen:

Für die Zerealien sind folgende Epidermiszellen (Fig. 83—85) sehr charakteristisch: Wie die Figuren erkennen lassen, sind die Unterschiede in der Umrandung der Epidermiszellen sehr groſs, so daſs die Zellen mikroskopisch leicht charakterisiert werden können.

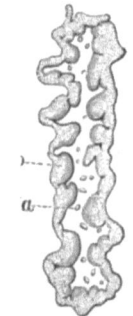

Fig. 85. Epidermiszelle von Maisstroh (nach Wiesner).

Roggenstroh speziell ist an den typischen „Querzellen" leicht von Weizen, Hafer und Gerste zu unterscheiden. Kupferoxydammoniak färbt die ungebleichte Strohbastfaser smaragdgrün, ohne Lösung. Chlorzinkjod in mittlerer Konzentration (siehe Tabelle) färbt Strohzellstoff blau (nach Behrens). Die Strohfaser und natürlich auch die daraus bereiteten Papiere geben die Lignin(Holz-)reaktionen.

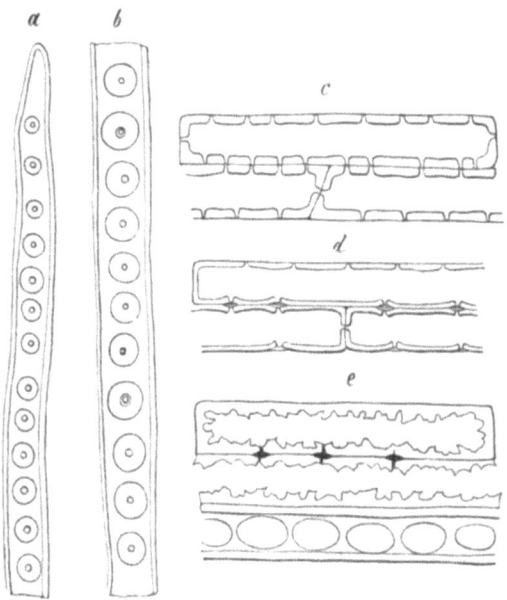

Fig. 86—88. Elemente des Holzkörpers eines Nadelholzes (nach Wiesner). *a* und *b* Flächenansicht, *c—e* Querschnitte und Tangentialschnitte.

28. **Holzfaser.** In noch ausgedehnterem Maſse als das Stroh der Zerealien wird die Faser weicher Holzarten, sowohl Laub- wie Nadelhölzer, zur Papierfabrikation benutzt. Je nach der Art der Herstellung der „Faser" gewinnt man als Ausgangsmaterial zur Papierbereitung zweierlei Arten von Holzfasern. Durch rein mechanische Zerkleinerung bis zu den feinsten Spänen erhält man den Holzschliff; durch Behandlung mit chemischen Agentien erhält man die Holzzellulose. Holzschliff oder Holzstoff ist entsprechend seiner Herstellung

Die Gespinstfasern. 137

chemisch unverändertes Holz und gibt dementsprechend auch alle Reaktionen des Holzes (Ligninreaktionen). Mikroskopisch findet man alle Elemente des Holzkörpers. Nadelholz läfst sich leicht an den für dasselbe charakteristischen gehöften Tüpfeln, das sind Poren, die mit einer Verdickung umgeben sind, erkennen (Fig. 86—88).

Die erwähnten Elemente sind typisch für alle Nadelhölzer, indem nämlich die Laubhölzer diese gehöften Tüpfel nicht besitzen. Den Nadelhölzern fehlen dagegen die echten Gefäfse, die einen charakteristischen Bestandteil der Laubhölzer bilden. Die Nadelhölzer haben nur Tracheïden als Leitbahnen für die Nährstoffe. Die Zellen der Laubhölzer haben meist die in Fig. 89 gezeigten Verdickungsformen.

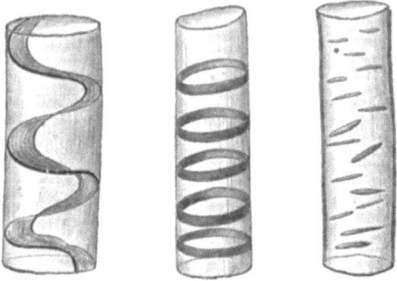

Fig. 89. Spiral-, Ring-, Treppengefäfs.

An diesen Gefäfsen läfst sich Laubholzschliff ohne weiteres von Nadelholzschliff unterscheiden.

Die Holzzellulose wird durch ein Mazerationsverfahren gewonnen und enthält daher die isolierten Fasern, die nicht wie beim Holzschliff untereinander noch im Verbande stehen. Bei diesem Mazerationsverfahren wird aus der Faser alles ausgezogen bis auf die Zellulose. Diese Holzzellulose (Sulfitzellulose, Natronzellulose) gibt die Holzstoffreaktion infolgedessen nicht mehr. Zum Nachweis, ob Nadelholz verwendet wurde, bleiben mithin nur die charakteristischen gehöften Tüpfel.

29. **Waldwolle.** Unter diesem Namen wird ein Produkt in den Handel gebracht, welches aus den Nadeln der Koniferen (Fichten, Kiefern, Tannen usw.) durch Zerfaserung hergestellt wird. Diese Faser enthält naturgemäfs die Oberhaut und die

ganzen inneren Gewebepartieen der Nadeln. Sie wird als Stopfmaterial und nach Vermengung mit anderen Spinnstoffen zu Tuchgeweben verarbeitet.

30. **Reiswurzel** (Reisbesen). Wird von Sorghumarten gewonnen. Praktisch viel Verwendung, wenn auch keine Faser oder Rohstoff, aus welchem eine spinnbare Faser gewonnen würde, finden die Rispen des Reises. Sie kommt in langen, wellig gebogenen Reisern in den Handel. Dieselben sind meist geschält und von hellgelber Farbe. Im Querschnitt sieht man, dafs das Grundgewebe meist völlig vertrocknet ist, und dafs an dessen Stelle ein leerer Raum durch die Rispe geht. Die Rispe ist stark verholzt, aber trotzdem sehr zähe und biegsam. Die „Reiswurzel" findet namentlich in der Bürstenmacherei ausgedehnte Verwendung.

31. **Seegras.** Unter Seegras versteht man die getrockneten schmalen Blätter einer Meerespflanze, „Zostera marina". Im Mittelalter erhielt das Gras den Namen „Algae vitriorum". Aufser dieser Pflanze liefern noch einige Gramineen und Cyperaceen ein Produkt, welches unter dem Namen Seegras in den Handel kommt.

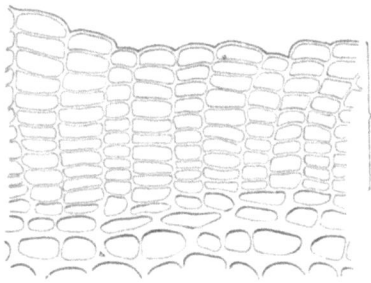

Fig. 90. Korkzellen im Querschnitt (nach Giesenhagen).

Das Gras dient als Pack- und Polstermaterial.

32. **Luffa.** Die Kürbispflanze Luffa cylindrica bildet um ihre Früchte ein Fasernetz, welches technisch verwendet wird vornehmlich als Luffaschwämme. Auch als Bekleidung der Tropenhelme werden die Fasernetze gebraucht.

Kork. Da bei Anfertigung mikroskopischer Schnitte häufig Kork als Befestigungsmaterial verwandt wird und leicht in das Präparat hineingelangen kann, soll hier auf die wichtigsten chemischen Reaktionen des Korkes sowie auf das nachstehende Bild hingewiesen werden. Die Korkzellen sind ziemlich gleichmäfsig tafelförmig in regelmäfsigen radialen Reihen angeordnet und schliefsen lückenlos aneinander. Die Zellen sind im Querschnitt (Fig. 90) und Längsschnitt infolge ihrer Form sehr ähnlich. Sie führen keinen plasmatischen Inhalt und sind meistens ziemlich stark verdickt. Die Farbe ist hell- bis dunkelbraun. Die Figur zeigt die Zellen im Querschnitt mit darunterliegendem Rindenparenchym *r*.

Chemisches Verhalten: Kork färbt sich mit Chlorzinkjodlösung sowie Jodjodkalium gelb bis gelbbraun, mit Kalilauge in der Kälte gelb. Konzentrierte Kalilauge löst die Korkzellen in der Wärme. Bei gewöhnlicher Temperatur wirkt konzentrierte Chromsäure nicht ein, ebensowenig konzentrierte Schwefelsäure.

2. Animalische Fasern.

33. Echte Seide. Eine grofse Gruppe von Schmetterlingen hat die Eigenschaft, sich vor der Verwandlung in die Puppe in ein selbstgefertigtes Gespinst einzuhüllen. Innerhalb dieses Gespinstes vollzieht sich die Verpuppung und später das Auskriechen des Schmetterlings. Derselbe öffnet das Gespinst am einen Ende und kriecht heraus, um draufsen die Entwicklung der Flügel zu vollenden. Das Gespinst

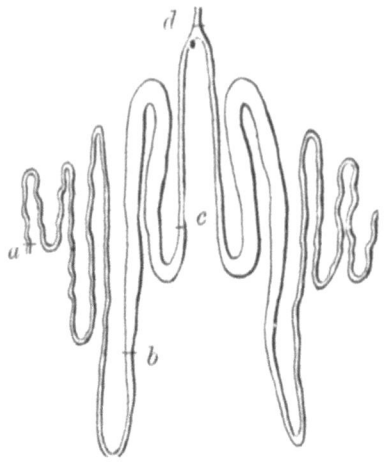

Fig. 91. Spinndrüse (nach Georgievics).

wird von den Spinnerraupen aus schleimigen Fäden erzeugt, welche in zwei Bauchdrüsen erzeugt werden. Diese langgestreckten Drüsen liegen auf beiden Seiten des Bauches und münden vorne am Munde der Raupe dicht nebeneinander, wie Figur 91 zeigt:

$a-d$ die doppelseitige Spinndrüse, welche die Form eines gewundenen Fadens besitzt. Dieser Faden ist nicht überall gleich dick, sondern in der Mitte stark verdickt. *d* ist die gemeinsame Kapillare beim Munde, aus welcher das Sekret austritt. In diesen Drüsen erzeugt die Raupe ein dünnflüssiges Sekret, welches an der Luft sofort zu runden Fäden erstarrt. Die beiden Fäden kommen vor ihrem Austritt aus dem Kapillarrohr eng aneinander zu liegen und erscheinen daher als massiver Doppelfaden. Die Seide hat ihrer Entstehung entsprechend keine zellige Struktur.

Die echte oder chinesische Seide wird von dem ursprünglich in China heimischen Seidenspinner Bombyx mori oder Maulbeerspinner (nach der Pflanze, auf der die Raupe lebt) erzeugt. Die von den Bombyx mori-Raupen erzeugten Gespinste oder Kokons sind meist gelblich weiſs, der einzelne Faden völlig farblos. Die Zucht der Seidenraupen ist eine künstliche, die in eigens dazu eingerichteten Anstalten betrieben wird. Die Aufzucht der Raupen erfordert sehr groſse Sorgfalt und Aufmerksamkeit, da sonst die Qualität und Quantität der erzeugten Seide leidet. Die weiblichen Kokons sind eiförmig rund; die männlichen Kokons sind kleiner, zylindrisch und etwas eingeschnürt. Die Kokons sind 3 cm lang und 1,5—2 cm Durchmeser. Sie bestehen aus einem einzigen Doppelfaden von 350—3000 m Länge. Dieser Faden ist nicht gleichmäſsig, sondern in der Mitte etwas dicker. Die Kokons sind weiſs, gelb oder grünlich und haben folgende Zusammensetzung: Wasser 68,2 %, Seide 14,3 %, Flockseide 0,7 %, Puppe 16,8 %.

Die Gewinnung der Seide: Zunächst werden die Puppen in den Kokons durch Anwendung von Hitze getötet. Die schönsten Kokons liefern eine Seidenqualität, „Orgasin" genannt, die weniger guten „Trame". Die Seide in den Kokons ist von sogenanntem Seidenleim umhüllt, der vor dem Abhaspeln in heiſsem Wasser abgelöst wird. Die Fäden zweier Kokons werden gemeinsam gehaspelt und werden im feuchten Zustand durch den noch anhaftenden Seidenleim zusammengeklebt. Der so erhaltene Faden Rohseide wird „Grège" genannt und besteht aus zwei Fäden. Die Abfälle bei dem Haspeln, sowie die Seide schlechter, aussortierter Kokons werden auf „Florett" oder „Bouretteseide" verarbeitet.

Die rohe Seide ist meist gelb oder weiſs, mitunter auch etwas grünlich und zeigt zunächst noch keine von den so geschätzten Eigenschaften. Durch Abkochen des Seidenfadens erhält er erst seinen starken Glanz, die Stärke und Zähigkeit sowie die Elastizität. Die Zähigkeit eines Seidenfadens ist fast so groſs wie die eines gleich starken Eisendrahtes. Die Elastizität ist so groſs, daſs sich ein trockener Seidenfaden um den 7.—5. Teil seiner Länge dehnen läſst. Diese beiden Eigenschaften kommen in dem Umfange nur der Rohseide zu; abgekochte Seide verliert einen Teil (30 %) dieser Eigenschaften.

Die Seide besitzt eine Eigenschaft, durch welche sie sich

von allen anderen Fasern und den daraus hergestellten Geweben unterscheidet. Es ist die Eigenschaft des Krachens, Knisterns. Ungefärbte, unbehandelte Seide hat jedoch die Eigenschaft nicht; sie tritt erst ein, wenn die Seide in sauereu Bädern gewesen ist. Man erklärt sich daher das Krachen damit, daſs man annimmt,

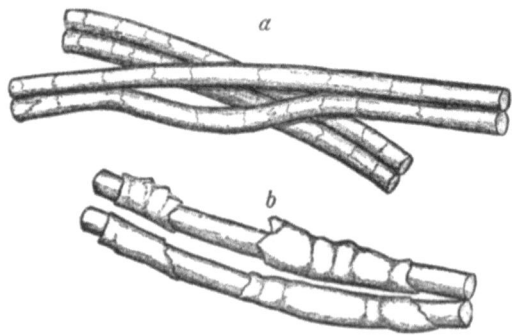

Fig. 92. Seidenfaden nebst Seidenleim (nach Hager-Mez).

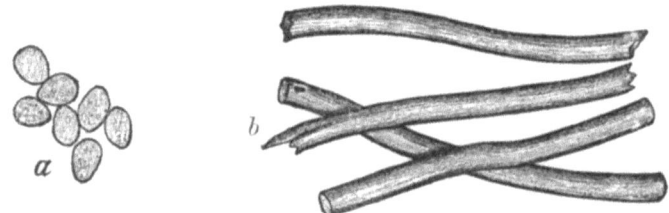

Fig. 93. Abgekochte chinesische Seide in Längs- und Querschnitt (nach Hager-Mez).

Fig. 94. Florettseide (nach Georgievicz).

daſs die Säure die Seide an der Oberfläche rauh macht, wodurch dann beim Druck das krachende Geräusch hervorgerufen wird.

Mikroskopie des Seidenfadens: Im Querschnitt (Fig. 92, 93 und 94) sieht man, daſs der Faden aus zwei Teilen, einem inneren, glashellen konzentrischen Teil und einem äuſseren gelbgrün gefärbten Zylinder besteht. Der innere Teil ist der eigentliche Seidenfaden, *a*, die äußere Hülle ist der Seidenleim (Sericin), *b*. Stark vergrößert würde sich der Querschnitt also wie in Fig. 95 darstellen.

Nach dem mikroskopischen Bilde müßte man annehmen, daß der Seidenfaden aus einer einzigen homogenen Masse besteht; tatsächlich ist er aber aus äußerst feinen Fädchen, Fibrillen, zusammengesetzt, die in ihrer Gesamtheit als kompakte Masse erscheinen. Die Gründe, die dafür sprechen, sind folgende: 1. Behandelt man nämlich einen Seidenfaden, der schon eine geringe Streifung zeigt, mit Chromsäure, so wird diese Streifung deutlicher. 2. Tränkt man einen Faden mit verdünnter Schwefelsäure, trocknet ihn und erhitzt dann auf 80—100°, so sieht er unterm Mikroskop vollkommen zerfasert aus. 3. Auch das „Lausigwerden" d. h. „Fleckigwerden" der Seide beim Entfernen des Seidenleims im Seifenbad spricht für die Annahme, daß die Seide aus Fibrillen besteht. Das Entfernen des Seidenleims nennt man „Entschälen". Die natürlichen Seiden besitzen kein Lumen.

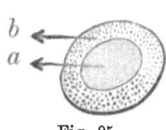

Fig. 95.

Chemie der Seide. Der Seidenfaden besteht nach den bisherigen Ausführungen aus zwei Substanzen, dem Sericin (Seidenleim) und dem Fibroïn (Seidensubstanz). Außerdem enthält die Rohseide noch Wasser, Fett, Wachs und Farbstoff in geringen Mengen. Die Beziehungen des Fibroïns zum Sericin werden durch folgende Formel zum Ausdruck gebracht:

$$C_{15}H_{23}N_5O_6 + O + H_2O = C_{15}H_{25}N_5O_8$$
Fibroïn. Sericin.

Das Fibroïn geht danach unter Aufnahme von Wasser und Sauerstoff in Sericin über. Der Seidenleim (Sericin) ist in Wasser löslich und dem gewöhnlichen Leim ähnlich. Mit verdünnter Schwefelsäure gibt er Zersetzungsprodukte. Das Fibroïn ist eine in Wasser unlösliche stickstoffhaltige Substanz. Abgekochte Seide erleidet nach langem Lagern in feuchter Luft beim Kochen mit Wasser Gewichtsverlust. Das spezifische Gewicht der Rohseide beträgt 1,34. Seide erleidet bei trockenem Erhitzen auf 110° noch keine Veränderung, bei 170° zersetzt sie sich vollständig. Sie verbrennt in der Flamme ohne Entwicklung eines unangenehmen Geruches. Reine Seide fault nicht. Sie ist hygroskopisch und vermag bis zu $^1/_3$ ihres eigenen Gewichtes an Wasser aufzunehmen. Sie nimmt vermöge ihrer Porosität, Alkohol, Essigsäure, Tannin, Farbstoffe usw. leicht auf. Der Seidenleim ist löslich in warmen, verdünnten Säuren. Die Seidensubstanz selbst dagegen nicht. Konzentrierte Säuren zerstören die Seide. Eisessig löst in der Kälte nur den Farbstoff aus dem Seidenleim. Bei erhöhter Temperatur und unter Druck löst Essigsäure die Seide auf. Konzentrierte Salpetersäure färbt Seide gelb unter Bildung von Xanthoproteïnsäure; in der Hitze löst sie die Seide. Alkalien machen das Gelb dunkler, Säuren heller.

Nach Süvern („Die künstliche Seide") zeigt Chinarohseide gegen Reagentien folgendes Verhalten: Konzentrierte Kalilauge löst die Seide bei gelindem Erwärmen. 40% Kalilauge löst die Seide bei 85°. Chlorzinklösung löst die Seide bei 120° vollkommen klar auf. Alkalische Kupferglyzerinlösung löst Seide schon bei gewöhnlicher Temperatur. Kupferoxydammoniak löst sie bis auf einen schleimigen Rest. Nickeloxydulammoniak löst bei gewöhnlicher Temperatur die Seide völlig auf. Aus beiden Lösungen ist die Seide nicht aussalzbar. Fehlingsche Lösung löst beim Kochen die Seide leicht auf, ebenso 20% Chromsäure. Millons Reagens gibt beim Kochen violette Färbung. Jodlösung gibt starke Braunfärbung. Diphenylaminsulfat schwache Bräunung. Brucinsulfat schwache Rötung. Der Wassergehalt (bei 99° getrocknet) beträgt 7,97%, die Wasseranziehung nach 43 Stunden 2,24%. Bei 200° bräunt sich die Seide stark, ist leicht zerreibbar und verliert 11,15% ihres Gewichtes. Der Aschengehalt beträgt 0,95%; der Stickstoffgehalt 16,60%. Beim Erwärmen mit Kalilauge wird Curcumapapier braun, Nesslers Reagenzpapier gelbbraun gefärbt. Basisches oder auch saures Zinkchlorid lösen Seide zu einer klebrigen Flüssigkeit auf.

Quantitative Trennung der Seide von anderen Fasern: Aus 25 g kristallisiertem Nickelsulfat fällt man mittels Natronlauge das Oxyd. Der Niederschlag wird ausgewaschen und mit 125 ccm Wasser in einen 250 ccm Kolben gespült und mit Ammoniak vom spezifischen Gewicht 0,88 bis zur Marke aufgefüllt. Man kocht nun das seidehaltige Gewebe zehn Minuten am Rückflußkühler, wobei sich die Seide ganz auflöst. Die Baumwolle verliert 0,8% ihres Gewichtes; man filtriert ab, wäscht aus, wiegt den Rückstand und berechnet den Seidengehalt unter Berücksichtigung des Baumwollenverlustes.

Technische Verwertung: Die Seide ist unser wertvollster Spinnstoff und wird für sich allein sowie mit anderen Fasern zusammen zu Geweben der verschiedensten Art verarbeitet. Findet namentlich zur Herstellung von Plüsch, Sammet, Gaze usw. Verwendung.

34. **Wilde Seiden** (Tussahseide). Die Seide der Kokons exotischer Spinner, Verwandte von Bombyx mori, wird unter dem Namen „wilde Seide" zusammengefaßt und findet ebenfalls technische Verwertung. Diese Spinner sind große, mit gespannten Flügeln 10—20 cm messende Falter, die einen ganz analogen Entwicklungsprozeß durchmachen. Entsprechend ihrer Größe sind auch die von ihnen gefertigten Kokons bedeutend größer.

Die wichtigsten Arten der wilden Seidenspinner sind folgende: Antherea mylitta in Indien; Attacus ricini in Asien und Attacus atlas in Afrika und China; Antherea Yamamaï in Japan; Pernyi in China; Cecropia, Cynthia, Luna, Jo und manche andere mehr.

Fig. 96. Tussahseide (nach Georgievics).

Diese Seidenspinner haben den Vorteil vor Bombyx mori, daß sie im Freien gedeihen und nicht der sorgfältigen Pflege bedürfen wie der echte Seidenspinner. Die Kokons sind zwar größer und auch seidenreicher, haben aber den Nachteil, daß der Kokonfaden weniger regelmäßig, oft abgerissen und meist bräunlich bis grün gefärbt ist. Diesem Übelstand kann man aber dadurch begegnen, daß man die Raupen in sorgfältige Kultur und Pflege nimmt, wodurch die Kokons reiner werden. Aus den Kokons von A. Atlas wird die Fagaraseide gewonnen. A. Pernyi liefert die **falsche** Tussahseide. Yamamaï liefert eine sehr gute grünliche Seide. A. mylitta erzeugt die echte Tussahseide. Die Seide der Kokons von Yamamaï und mylitta sind die besten und stehen der echten Seide in der Qualität sehr nahe.

Die wilden Seiden unterscheiden sich in vielen Punkten von der Seide von Bombyx mori. Die echte indische Tussahseide zeigt unter dem Mikroskope das Bild der Fig. 96 und 97. An der

Die Gespinstfasern.

Tussahseide läfst sich die von den Fibrillen herrührende Streifung leichter erkennen als an der echten Seide. Das chemische Verhalten ist im allgemeinen dem der echten Seide analog; nur ist die Seide fester und daher gegen chemische Reagentien widerstandsfähiger. Gegen einige Reagentien verhält sie sich anders als chinesische Seide. (Ausführliches siehe in der Tabelle S. 166.) Die wilden Seiden dienen vorherrschend zur Herstellung von Plüschen und Sammetstoffen.

35. **Seeseide.** Seeseide oder Byssus ist eine goldbraune, glänzende Faser, welche von gewissen Stechmuscheln erzeugt wird. Von den echten Seiden unterscheidet sie sich dadurch, dafs sie sich in Alkalien, Säuren und Kupferoxydammoniak nicht löst. Sie wird heute nicht mehr so viel verarbeitet wie im Altertum und dient in Unteritalien zur Anfertigung gewöhnlicher, nicht sehr haltbarer Gewebe.

36. **Schafwolle.** Wolle ist das Sekret der Haarbälge (Drüsen) der Haut der warmblütigen Tiere. Hinsichtlich ihrer Entstehung und anatomischen Struktur sind Haare, Wolle, Federn und Horn dasselbe und sind nur entsprechend ihrem Zweck verschieden ausgebildet. Die Wolle bildet in ihrer Gesamtheit das Vlies des Tieres und besteht aus verschieden gebildeten Haaren. Der Haarpelz des Schafes besteht aus Grannenhaaren und den eigentlichen Wollhaaren.

Fig. 97. Tussahseide im Querschnitt (nach Hager-Mez).

Die Wollhaare sind dünn, weich und gekräuselt und besitzen eine grofse Filzfähigkeit. Die Grannenhaare sind dicker, dunkler, steif und scharf zugespitzt. Im Gesicht und an den Beinen besitzt das Schaf sogenannte Stichelhaare, ganz straffe, spitze Haare, welche für die Verarbeitung wenig in Betracht kommen. Der Vlies ist folgendermafsen zusammengesetzt:

$$
\begin{aligned}
&\text{Faser} \ldots \ldots \ldots \ldots 15\text{—}72\,\%, \\
&\text{Schweifs} \ldots \ldots \ldots 12\text{—}42\,\%, \\
&\text{Wasser} \ldots \ldots \ldots \ldots 4\text{—}24\,\%, \\
&\text{Kot} \ldots \ldots \ldots \ldots \ldots 3\text{—}24\,\%.
\end{aligned}
$$

Die Wolle wird durch Scheren des lebendes Tieres jährlich einmal gewonnen. Das Produkt heifst Schur- oder Mutterwolle.

Achert-Bischkopff, Chem.-botan. Leitfaden.

Die Wolle vom toten Tiere nenut man Haut- oder Gerberwolle. Die Qualität des Haares ist abhängig von Rasse, Klima, Nahrung usw. Die edelste Schafrasse ist die Merinorasse.

Mikroskopie des Schafhaares: Das Wollhaar (Fig. 98) besteht aus drei Teilen und zwar: der Schuppenschicht, der Rindenschicht, der Markschicht.

Die Schuppenschicht ist von dünnen, hornartigen, dachziegelförmig übereinandergreifenden Schuppen gebildet. Meist greift

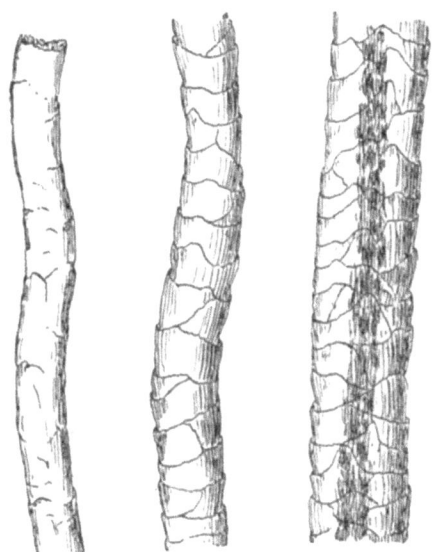

Fig. 98. Wollhaare (nach Georgievics).

eine einzige Schuppe um das ganze Haar herum. Der Rand der Schuppen ist ungleichmäfsig gezahnt. An diesen charakteristischen Schuppen sind die Wollhaare leicht zu erkennen. Durch die Bearbeitung der Wolle kann es eintreten, dafs die Schuppen gänzlich verschwinden. Die Grannenhaare haben viel kleinere Schuppen. Aufser an den kleinen Schuppen sind die Grannenhaare auch an der Markschicht zu erkennen, die den Wollhaaren mehr oder weniger vollständig fehlt. Die Schuppen an den Haaren bewirken auch die Filzfähigkeit; ebenso wird durch das

Ineinandergreifen der Schuppen auch das Walken der Tuche ermöglicht. Nicht schuppige Haare lassen sich schwerer filzen und walken. Der Glanz der Wollhaare wird ebenfalls durch die Schuppen hervorgerufen. Die zweite Schicht, die Rindenschicht, besteht aus schmalen, spindelförmigen Zellen; sie sind im Mikroskop als Längsstreifen sichtbar. Die Markschicht ist bei guten Wollhaaren mehr oder weniger verschwunden und fehlt bei

Fig. 99. Stockfleckige Wolle (nach Georgievics).

Fig. 100. Wolle mit starker Lauge behandelt (nach Georgievics).

Merinowollen gänzlich. Hautwolle erkennt man, soweit sie nicht geschnitten ist, an den mit abgeschabten Haarbälgen, welche sich in Schurwolle niemals finden.

Eine häufige Krankheit der Wolle, namentlich der gefärbten Wolle, ist der „Stock". Stockflecken bieten unterm Mikroskope das Bild der Fig. 99. Man sieht die spindelförmigen Zellen, die aus dem Haare herausfallen oder nur noch lose daran hängen. Der Stock tritt namentlich in feuchten, dumpfen Lagern auf, namentlich an Wollen, die mit alkalischen Stoffen imprägniert sind.

Alkalien verändern Wollhaare ebenfalls in ganz charakteristischer Weise: War die Wirkung stark, aber kurz, so erfährt das Haar die in Fig. 100 gezeigte Veränderung.

Durch die Karbonisation, d. h. Behandlung der Wolle mit Säuren, um die vegetabilischen Bestandteile zu entfernen, wird die Wolle ebenfalls häufig angegriffen. Auch durch starke Säure wird das Haar angegriffen; es sieht rissig und stark gestreift aus. Namentlich sind die Enden zerfranst (siehe Fig. 101).

Die Wolle ist sehr hygroskopisch. Die besten Wollen sind weifs, doch kommen alle Abstufungen bis schwarz vor.

Chemie der Wollfaser: Die Wolle besteht aus der eigentlichen Wollfaser, dem Wollfett, dem Wollschweifs. Ge-

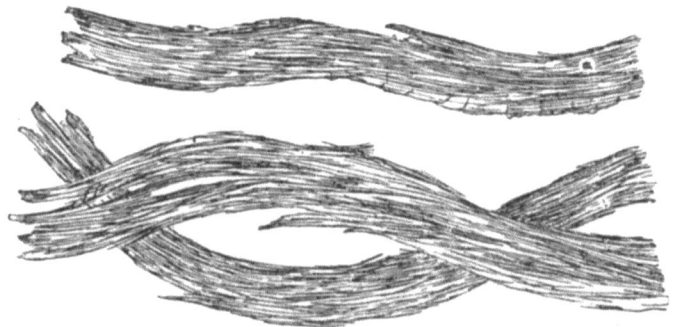

Fig. 101. Wolle mit starker Säure behandelt (nach Georgievics).

reinigte Wolle vom spezifischen Gewicht 1,2 besteht wie Horn und Feder aus Keratin, einer stickstoffhaltigen Substanz. Sie enthält Kohlenstoff, Wasserstoff, Sauerstoff, Stickstoff und Schwefel. Schafwolle zersetzt sich schon bei 120—150° C., stärker bei 140—150°. Wolle verbrennt unter Schmelzen zu einem Kügelchen und verbreitet einen Geruch nach verbranntem Horn. In Wasser quillt die Faser. Bei 200° unter Druck löst sich die Wolle in Wasser vollkommen auf. Ammoniak greift die Wolle ein wenig an. Kalk greift die Faser ziemlich stark an. Gegen verdünnte Säuren ist die Wolle ziemlich widerstandsfähig. Konzentrierte Säuren lösen die Wolle völlig auf. Konzentrierte Salpetersäure färbt Wolle gelb unter Bildung von Xanthoproteïnsäure. Laugen, selbst verdünnte, lösen die Wolle bei längerer Einwirkung in der Hitze. Chlor greift die Wolle sehr stark

Die Gespinstfasern. 149

an und verändert sie völlig. Gelinde Einwirkung von unterchloriger Säure ist für das Färben von Vorteil und verleiht der Wolle ein Aussehen, welches dem der Seide etwas ähnelt. Solche Wolle nennt man „Seidenwolle". Echte Wollhaare werden von Kupferoxydammoniak in der Wärme gelöst, Grannenhaare und andere Haare werden zerstört. Trennung von Wolle und Baumwolle siehe Kapitel VI.

37. Ziegenwolle. Das seidenglänzende Haar der Angoraziege heifst „Mohair" (Fig. 103). Die Mohairwolle ist mit dünnen und gezahnten Schuppen besetzt und zeigt sehr regelmäfsige, breite Faserstreifen. Sie wird zu Plüschen und feinen Geweben

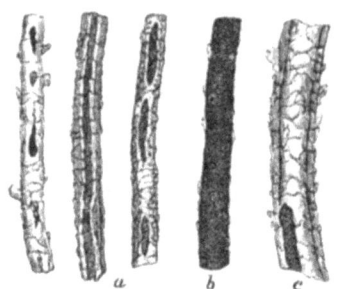

Fig. 102. Alpaccawolle
(nach Hager-Mez).

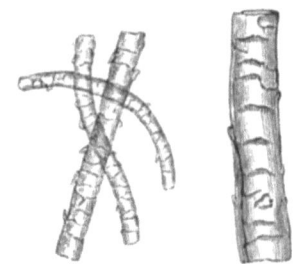

Fig. 103. Mohair-(Angora-) und Vicuña-
(Vigogne-)wolle (nach Hager-Mez).

Fig. 104. Haar der gewöhnlichen Hausziege.

verarbeitet. Die „Kaschmirwolle" ist wie die „Mohairwolle" der Schafwolle im Bau und Struktur ähnlich. Sie zeichnet sich durch aufserordentliche Weichheit aus, läfst sich aber schwerer färben als Schafwolle. Alpaka — Vigogne — und Lamawolle (Fig. 102 und 103) sind die Wollhaare südamerikanischer Ziegen. Mikroskopisch unterscheiden sie sich nicht wesentlich von der Schafwolle. Sie haben fast keinen Glanz und sind härter als die bisher besprochenen. Die Vigogne des Handels ist ein Gemisch von Wolle und Baumwolle. Als Alpaka wird auch eine Art Kunstwolle verkauft.

Die Haare der Hausziege (Fig. 104) sind ganz unveredelt; sie zeigen eine breite Markschicht, die meist die ganze Breite des Haares einnimmt. Sie verschmälert sich erst nach der Spitze zu. Dort sieht man dann die Streifung (Rinde) und die Schuppen. Die Haare der Hausziege werden gewöhnlich nicht für sich allein verarbeitet; meist finden die ganzen Felle Verwendung.

38. **Kameelhaare.** Die Kameelhaare finden ebenfalls zu Geweben Verwendung und zeichnen sich durch grofse Weichheit aus. Diese Haare besitzen eine deutliche Markschicht und stehen den Grannenhaaren der Schafwolle bezüglich der Qualität nahe. Mikroskopisch zeigen sie nichts Charakteristisches. Sie werden entweder direkt verarbeitet oder vorher dunkel gefärbt.

39. **Haare des Grofsviehes und der Kälber.** Die Haare der Ochsen und Kühe (Fig. 105 und 106) sind gelbweifs, braun bis schwarz, ebenso die der Kälber. Sie haben eine meist sehr

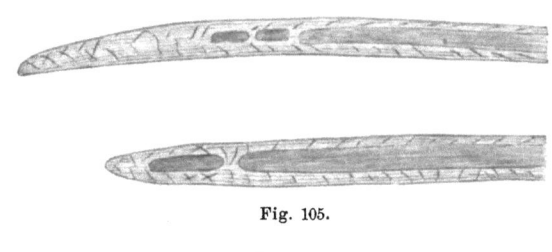

Fig. 105.

Fig. 106.
Haare des Grofsviehes und der Kälber.

breite Markschicht und auch starke Rinde. Die Schuppenbildung ist relativ gering. Nur bei den Kälbern ist die Schuppenbildung stärker und die Markschicht schwächer. Die Haare finden die mannigfaltigste technische Verwendung.

40. **Kaninchenhaare** (Hasenhaare). Dieselben sind durch eine ganz charakteristische Markschicht gekennzeichnet (Fig. 107). Streifung (Rinde) und Schuppen sind kaum, meist überhaupt nicht, wahrnehmbar.

Die Haare finden hauptsächlich zur Herstellung von Seidenhüten Verwendung und zwar meistens in Form der ganzen Felle.

41. **Pferdehaare.** Die kurzen Haare der Pferde (Fig. 108) zeigen meist überhaupt keine Markschicht, dagegen eine sehr deutliche Rindenschicht und Schuppenschicht. Sie finden dieselbe Verwendung wie die Kuhhaare. Die langen Haare des Schweifes

und der Mähne sind schwarz und lassen
sich daher nicht mikroskopieren. Sie
werden als Postermaterial verwandt.
Der Farbstoff (braun) ist in dem
Haar deutlich zu erkennen. Die
tierischen Haare entfettet man vor
der mikroskopischen Prüfung am
besten mit Alkohol und Äther und
beobachtet sie dann in einem fetten
Öl oder auch Wasser.

Chemisches Verhalten:
Konzentriertes Ammoniak isoliert die
Elemente der Haare, desgleichen
Chromsäure in der Kälte oder
Kupferoxydammoniak. Salpetersäure oder kochende wässrige
Pikrinsäure färben Haare wasserecht gelb im Gegensatz zu den Pflanzenhaaren. Kochende Chromsäure oder Kalilauge lösen die Haare auf. Kochende Salzsäure bringt die Haare nur zum Quellen, ohne sie zu lösen. Schwarze Tierhaare lassen sich nur schwer entfärben, meist so unvollkommen, dafs man sie nicht mikroskopieren kann. Alle Tierhaare sind stickstoffhaltig.

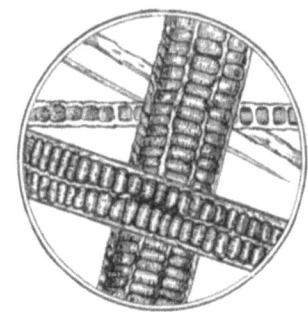

Fig. 107. Kaninchenhaare (nach Hager-Mez).

Fig. 108. Pferdehaare.

B. Künstliche Fasern.

1. Organischen Ursprungs.

42. Künstliche Seide. Chardonnet löste die achtfach nitrierte Zellulose in Alkoholäther und gewann aus dieser Lösung (Kollodium) durch Pressen durch kapillare Röhren ein fadenförmiges Produkt, welches bald erhärtet. Durch entsprechende Behandlung erhält dasselbe einen starken, seidenähnlichen Glanz. Da diese Fäden aber noch explosiv sind, müssen sie denitriert werden. Als Endprodukt des ganzen Verfahrens erhält man ein Produkt von seidenähnlichem Glanz, die künstliche Seide. Nach anderen Verfahren (Lehnert) werden auch Abfälle echter Seiden mitverarbeitet. (Dies ist beachtenswert wegen des Stickstoffgehaltes.) Die künstliche Seide hat grofse Ähnlichkeit mit der natürlichen, sie ist jedoch viel weniger fest und elastisch als die natürliche Seide. Ihre technische Verwertung ist dadurch beschränkt.

Mikroskopisch erscheint die Kunstseide stets als vollkommen glatte, gerade, einfache Fäden, die, wie die echten Seiden, entsprechend ihrer Herstellung kein Lumen besitzen. Sie sind dicker als natürliche Seide und sind durch Längsstreifen ausgezeichnet (Fig. 109). Sie sind gegen basisches Zinkchlorid unempfindlich.

Im chemischen Verhalten zeigen sie den natürlichen Seiden gegenüber mancherlei Unterschiede. Zunächst haben sie meist keinen Stickstoff oder, von der Herstellung herrührend, höchstens einige $^1/_{10}\,^0/_0$. Dann bestehen sie ferner aus reiner Zellulose und geben auch alle Zellulosereaktionen. Unter sich unterscheiden sich die Kunstseiden verschiedener Herstellungsverfahren meist auch, aber nur geringfügig. Aufser der bisher erwähnten Chardonnet-Kunstseide und der Seide nach dem Lehnertschen Verfahren verdient auch noch die „Viskoseseide" hier Erwähnung. Sie wird nach einem englischen Patent aus Zellulose ohne Nitrierung her-

Fig. 109. Künstliche Seide.

gestellt und zeichnet sich durch wunderbaren Seidenglanz aus. Mikroskopisch unterscheidet sie sich nicht von anderen Kunstseiden. Glanzstoff ist ebenfalls eine künstliche Seide. Über das chemische Verhalten der Kunstseiden im Gegensatz zu den natürlichen Seiden siehe die beigefügte Tabelle. Die künstlichen Seiden werden zu und in Geweben verarbeitet, von denen keine grofse Festigkeit verlangt wird. Sie eignen sich gut zur Herstellung dekorativer Gegenstände.

43. Kunstwolle. Die Kunstwolle wird aus Wollumpen und Wollabfällen hergestellt. Sie kommt unter den Namen Shoddy, Mungo und Alpaka in den Handel. Auch „Kosmosfaser", ein rein vegetabilisches Abfallprodukt, kommt unter diesen Namen in den Handel. Durch verschiedene mechanische Prozesse werden die Wollabfälle und Lumpen zerrissen und in eine spinnbare Faser verwandelt. Die Wollhaare der Kunstwolle charakterisieren sich durch zerfaserte Enden und dadurch, dafs sie häufig gebrochen sind. Beides rührt von der Verarbeitung her. Aufserdem finden sich in einem Gewebe, welches Kunstwolle enthält, infolge Verwendung verschieden gefärbter Lumpen stets Fäden verschiedener Farbe. Kunstwolle ist stets auf Baumwolle zu prüfen (siehe Kapitel VI, Trennung von Wolle und Baumwolle). Ebenso muſs man auf Seide prüfen (siehe Kapitel VI, Trennung der verschiedenen Fasern durch Färbung). Das wertvollste Produkt ist Shoddy, weil hier die Fasern am längsten sind (über 2 cm). Mungo besteht aus viel kürzeren Fasern (5—20 mm). Alpaka enthält stets Pflanzenfasern. Diese Sorte muſs deshalb karbonisiert werden.

2. Anorganischen Ursprungs.

44. Glaswolle. Wird aus Glasstäben durch Ausziehen des erweichten Glases zu kapillaren Fäden erzeugt. Die Fäden sind vollkommen glatt konturiert und durchsichtig, ohne Lumen. Sie lassen sich von allen Fasern ohne weiteres daran erkennen, daſs sie 1. in der Flamme zu einem Kügelchen zusammenschmelzen und 2. in allen Reagentien unlöslich sind und auch keine Färbung durch sie erleiden oder ihnen erteilen. Gefärbte Glasfäden und Glaswolle (gekräuselte Fäden) verhalten sich ebenso. Sie werden zur Anfertigung seidenglänzender Gewebe und Schmuckgegenstände verwandt, die jedoch nur von geringer Haltbarkeit sind.

45. Schlackenwolle. Wird durch Zerfaserung von Schlacke mittelst Dampfes gewonnen. Das Produkt ist fadenförmig, besitzt wolliges Aussehen und läſst sich als Füll- und Packmaterial verwenden. Sie läſst sich ohne weiteres als anorganisches Material durch ihre Unverbrennbarkeit erkennen.

46. Metallfäden. Dieselben waren namentlich im Altertum sehr geschätzt und werden auch heute noch zur Ausschmückung sehr reicher, schwerer Gewebe (Gewänder) und Luxusartikel benutzt. Man verarbeitet die Metalle (Gold, Silber) direkt auf äuſserst feine Fäden und stellt auch vergoldete Kupferfäden oder vergoldete und versilberte vegetabilische Fasern her. Der altberühmte cyprische Goldfaden wird durch Überkleidung einer vegetabilischen Faser mittelst vergoldeten tierischen Häutchens dargestellt. Die Fäden sind unverbrennlich und werden beim Glühen schwarz.

C. Natürliche anorganische Fasern.

47. Asbest. Der Asbest, chemisch ein Magnesiumkalksilikat, ist die einzige mineralische Faser, die technisch verwertbar ist und tatsächlich ausgenutzt wird. Der Asbest bildet lange weifse, glänzende Faserbündel, die sich etwas fettig anfühlen. Asbest läfst sich für sich allein nicht verspinnen; man vermischt ihn daher mit geringwertiger Baumwolle, die nachher wieder ausgebrannt wird. Die Asbestfaser kann nur schwierig gefärbt werden. Unter dem Mikroskop sieht man, dafs Asbest aus einzelnen feinen farblosen Fasern besteht (Fig. 110). Dieselben

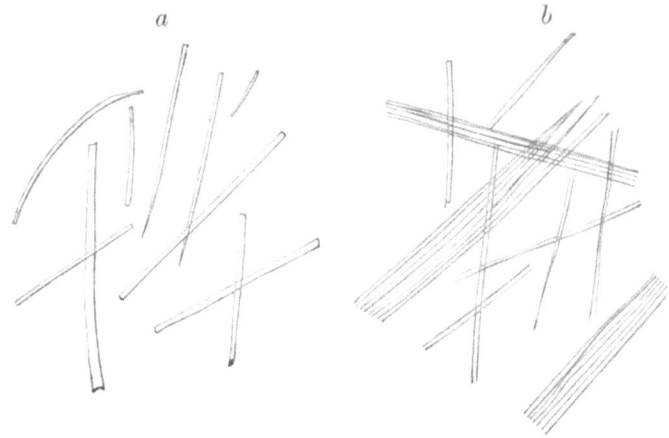

Fig. 110. Asbest. *a* durch Aufschlämmen fein verteilt, *b* nicht aufgeschlämmt.

sind durchsichtig und ohne Struktur. Meist sind sie gerade, hin und wieder aber auch gekräuselt. Die Ränder der Faser sind scharf und verlaufen meist parallel. Bei nicht durch Aufschlämmen äufserst fein verteiltem Asbest sind die einzelnen Fasern zu Bündeln zusammengelagert (wie Fig. *b* zeigt); er unterscheidet sich dadurch leicht von Glaswolle, Schlackenwolle und Metallfäden.

D. Technisch verwertete Hölzer.

48. Sandelholz. Man unterscheidet das weifse und gelbe Holz von Santalum album. Das Holz ist gelblich, stellenweise rötlich. Auf frischen Schnittflächen zeigt dasselbe starken, durchdringenden aromatischen Geruch, der mit der Tiefe der Färbung meist zunimmt. Das Holz ist gleichmäfsig dicht, hart und schwer. Im Wasser sinkt es nicht unter. Es dient zur Gewinnung von Sandelöl und zur Herstellung von Holzschnitzwaren. Gepulvert wird es den Farben zugesetzt.

49. Rotes Sandelholz (Kaliaturholz). Stammt von Pterocarpus santalinus in Ostindien. Das Holz der Stämme ist braun- bis schwarzrot. Auf frischer Schnittfläche lebhaft rot. Durch die Lupe ist das Holz kenntlich an den regellos zerstreuten, sehr weiten Gefäfsen und den hellroten, schmalen, welligen Querlinien. Das Holz ist hart und schwer. Es färbt heifses Wasser gelbrot. Das Holz ist ohne besonderen Geruch und Geschmack. Es wird in der Färberei sowie in der Möbel- und Kunsttischlerei verwandt.

50. Afrikanisches Sandelholz (Angolaholz) ist in seinen Eigenschaften den vorigen sehr ähnlich. Anatomisch zeigt es gewisse Unterschiede. Das Holz ist nicht zu verwechseln mit dem ostafrikanischen Sandelholz von Osyris tenuifolia. Die Farbe dieses Holzes ist braun. Es wird als Räuchermittel benutzt. Die sonstige Verwendung des Angolaholzes ist die gleiche wie die des Kaliaturholzes.

51. Blauholz (Campecheholz, Blutholz, Hämatoxylon Campecheanum). Der Baum wächst in Mexiko, Zentralamerika und Westindien. Das Holz zeigt eine blauschwarze Färbung. Die frische Schnittfläche ist rotbraun bis blutrot, wird in der Luft bald blauschwarz. Die Gefäfse sind grofs und markieren sich als helle Punkte, die häufig durch Wellenlinien zu Querstreifen vereinigt sind. Frisch angeschnitten, riecht das Holz der Veilchenwurzel ähnlich und schmeckt süfslich. Es färbt destilliertes Wasser goldgelb; kalkhaltiges Wasser wird violett, dann karminrot gefärbt. Das Holz liefert einen sehr geschätzten Farbeextrakt, welcher zur Erzeugung blauer bis schwarzer Färbungen dient.

52. Echtes Gelbholz (gelbes Brasilholz, Chloroptora tinctoria). Das Holz ist lebhaft gelbbraun gefärbt. Auf dem Querschnitt zeigt es zahlreiche helle Punkte und Striche (Gefäfse), die oft zu wellenförmigen Linien vereinigt sind. Der färbende Bestandteil heifst Morin und ist löslich in Wasser und Alkohol. Er färbt Alkohol tiefgelb.

53. Fernambukholz. Dasselbe stammt von Caesalpinia echinata und ist aufsen rotbraun bis schwärzlich, innen gelbrot. Das Holz gehört zur Gruppe der westindischen Rothölzer. Auf frischer Schnittfläche ist es tief gelbrot und wird durch den Sauerstoff der Luft dunkelrot bis violett. Es ist ein hartes, schweres Holz ohne Geruch. Destilliertes Wasser wird goldgelb, kalkhaltiges rot gefärbt. Der färbende Bestandteil heifst Brasilin. Der Farbstoff ist, weil unecht, allein nicht verwendbar.

54. **Palisanderholz.** Das Holz ist violettbraun gefärbt; es ist hart und schwer, fast glanzlos, aber äufserst politurfähig. Als Farbholz kommt es nicht in Betracht, wohl aber als Tischlerholz.

55. **Quassiaholz.** Man kennt zwei Bäume, die Quassiaholz liefern: 1. Quassia amara liefert das echte Quassiaholz, Bitterholz, und 2. Picrasma excelsa, welches ebenfalls einen Bitterstoffextrakt liefert.

Quassia amara. Das Holz ist schmutzigweifs oder bräunlich, leicht und weich und von reinem bitterem Geschmack. Es dient deshalb als Arzneimittel. Picrasma excelsa ist im Aussehen, seinen Eigenschaften und seiner Verwendung dem echten Bitterholz äufserst ähnlich.

56. **Zedernholz.** Was im Handel als Zedernholz bezeichnet wird, stammt von verschiedenen Bäumen. Zedernholz liefern verschiedene Cedrusarten, ferner Cedrela odorata, Juniperus, Cupressus, Thuja u. a. m. Das Holz von Cedrela odorata ist zimtbraun, weich, leicht und aromatisch duftend. Die Hölzer werden zur Kistenfabrikation sowie zur Anfertigung von Schnitzwaren und Luxusgegenständen verwertet.

57. **Mahagoniholz.** Das echte Mahagoniholz kommt aus Amerika und stammt von Swietenia mahagoni. Das Holz ist heller oder dunkler zimtbraun bis rotbraun, meist gleichmäfsig gefärbt, hin und wieder auch gefleckt. Es ähnelt dem Cedrelaholz, doch ist die Struktur feiner; es fehlt auch jeder Geruch. An der Luft dunkelt das Holz stark nach. Das Holz ist schwer spaltbar, sehr hart, dauerhaft und aufserordentlich politurfähig. Meist sind die dunkleren Sorten auch die dichteren und schwereren. Es ist für die Möbel- und Kunsttischlerei wohl das wertvollste Holz und wird meist als Furnierholz, d. h. als Verkleidung, Furnier, eines anderen Holzes, verwandt. Neuerdings kommen als Mahagonihölzer auch afrikanische und australische Hölzer auf den Markt; diese erreichen aber das echte Mahagoniholz an Güte bei weitem nicht. Das Gambia-Mahagoni von Madeira ist dem echten Mahagoni ähnlich, nur tiefer rotbraun. Auch anatomisch zeigen die verschiedenen Hölzer Unterschiede. An Güte steht das Gambia-Mahagoni dem amerikanischen Mahagoni nach; doch ist es besser als die afrikanischen und australischen Hölzer. Es dient zur Anfertigung feinerer Holzarbeiten.

Die Gespinstfasern. 157

58. **Rotes Quebrachoholz.** Stammt von Schinopsis Balansae in Südamerika. Das Holz ist fleischrot, an der Luft nachdunkelnd, nicht sehr hart und schwer. Es ist bemerkenswert und findet nur Verwendung wegen seines hohen Gerbstoffgehaltes, der bis zu 20 % beträgt.

59. **Brasilianisches Rosenholz.** Stammt von Physocalymma scaberrimum. Das Holz ist rosen- bis fleischrot, streifig. Stellenweise dunkler, fast karmoisinrot. Dieses Rosenholz ist duftlos, hart, sehr schwer und dicht. Im Querschnitt ist es gleichmäßig hell punktiert mit deutlichen Poren. Das Holz wird von Kunsttischlern und Drechslern außerordentlich geschätzt. Andere als Rosenhölzer im Handel vorkommende Sorten zeichnen sich durch rosenartigen Geruch aus.

60. **Eisenholz.** Wird von Acacia Farnesia geliefert. Ein Baum, der in allen warmen Ländern angepflanzt wird. Das Holz ist sehr hart, hat aber keine spezifischen Eigenschaften.

61. **Eukalyptushölzer.** Stammen vom Fieberheilbaum, Gummibaum, Eucalyptus. Man unterscheidet hellbraune, eichenfarbene und rotfarbene Hölzer. Das Holz zeigt in der Flächenansicht helle Pünktchen (Gefäße), die meist in schrägen Streifen mit wechselnder Richtung angeordnet sind. Die hellbraunen Hölzer ähneln unserem Eichenholz in Färbung und Zeichnung; die roten erscheinen trübrot bis fleischrot. Die Hölzer sind hart, schwer, dauerhaft und enthalten viel Gerbstoff. Als australisches Mahagoni kommen einige Hölzer in den Handel, von denen eins ein Eukalyptusholz ist; die anderen unter diesem Namen gehandelten Hölzer gehören nicht zur Gattung Eucalyptus. Das Eukalyptusholz findet zu Tischler- und Drechslerarbeiten ausgedehnte Verwendung.

62. **Erikaholz.** Die Baumheide (Erica arborea) kommt im ganzen Mittelmeergebiet vor. Man verwendet hauptsächlich das Holz der Wurzelstöcke, welches sehr reich gemasert ist. Das Holz ist auf frischen Schnittflächen hellrötlichbraun oder fleischfarben. Die Struktur ist sehr fein und mit unbewaffnetem Auge kaum zu erkennen. Das Holz ist hart, nicht sehr schwer und nicht spaltbar. Man fertigt aus dem Holz Schnitz- und Dreherarbeiten an. Das Stammholz ist für Tischlerarbeiten oder Dreherarbeit nicht zu verwerten. Es dient meist als Brennholz.

63. **Ebenhölzer.** Unter Ebenholz versteht man schwarzbraunes bis schwarzes, hartes und schweres Holz. Das Holz

muſs möglichst dicht sein und sich gut bearbeiten und polieren lassen. Man kennt grünes, rotes, ja weiſses Ebenholz. Letzteres hat seinen Namen daher, daſs das schwarze Kernholz zerstreut im hellen Splint auftritt. Die meisten Ebenhölzer werden von der Gattung Diospyros geliefert. Die schwarzen Ebenhölzer gehören zu den wertvollsten Hölzern und finden für feine Arbeiten ausgedehnte Verwendung. Man kennt eine ganze Reihe von Ebenhölzern, die sich anatomisch unterscheiden. Auf diese anatomischen Unterschiede näher einzugehen, würde weit über den Rahmen dieser Zusammenstellung hinausgehen. Erwähnt werden soll hier nur noch das Koromandel-Ebenholz oder Tintenholz. Dasselbe wird von Diospyros hirsuta auf Ceylon und Vorder- und Hinterindien geliefert. Die braune Grundmasse des Holzes ist regellos schwarzstreifig.

64. **Krapp.** Als Krapp bezeichnet man die getrockneten Wurzeln und Ausläufer der gemeinen Färberröte, Rubia tinctorum. Botanisch gehört diese und einige ebenfalls zum Färben verwandte Pflanzen zur Familie der Rubiaceen. Die Pflanze ist im Mittelmeergebiet und bis nach Asien hinüber heimisch und wird in vielen Gegenden kultiviert. Die zum Färben verwandten Teile der Pflanze bestehen aus einer kurzen, knorrigen Wurzel mit Nebenwurzeln und Ausläufern. Wenn die Wurzelstücke alt genug sind, werden sie aus der Erde genommen, getrocknet und gemahlen. Die gepulverte Wurzel stellt ein braunrotes Pulver dar. Die Wurzel ist nicht gerade, sondern ungleichmäſsig hin und her gebogen. An der Oberfläche ist sie runzelig und rissig und mit weicher Borke von graubrauner Farbe bedeckt. Im Querschnitt sieht man, daſs die dunkelbraune bis schwarzbraune Rinde einen dicken Holzkörper von orange- bis ziegelroter Farbe umgibt. Die Krappwurzel liefert Alizarin und Purpurin, zwei sehr wertvolle Farbstoffe. Krapp wird in der Färberei noch häufig verwendet, wenn auch das künstliche Alizarin, in groſsem Maſsstab hergestellt, den in der Krappwurzel natürlich vorkommenden Farbstoffen Konkurrenz bereitet.

65. **Indigo.** Dieser Farbstoff wird von ganz verschiedenen Pflanzen geliefert. Die in Europa seit alter Zeit zur Waidgewinnung angebaute Pflanze ist Isatis tinctoria, der Färberwaid. Zur Gewinnung des Farbstoffes werden die Blätter gesammelt, in Ballen getrocknet und gemahlen. In derartigem Zustand sind die Blätter geeignet, den Waidküpen zugesetzt zu werden. Die

Waidkultur ist in Europa durch den ostindischen Waid, Indigofera tinctoria (Indigo indigofera) fast völlig verdrängt. Diese Pflanzen liefern vielmehr Farbstoff, der in grofsen Quantitäten nach Europa gebracht worden. Die Indigopflanzen werden in ihrer Heimat sorgsam angebaut und sorgsam gepflegt, wodurch sowohl Qualität als auch Quantität des blauen Farbstoffes aufserordentlich gewinnen. Auch diesem natürlich vorkommenden Farbstoff wird durch den künstlichen Indigo äufserst starke Konkurrenz bereitet.

VI. Allgemeine Methode zur Untersuchung und Trennung der Fasern.

a) Charakteristische Unterschiede zwischen Pflanzen- und Tierfasern.

Die Pflanzenfasern unterscheiden sich chemisch allgemein dadurch von den tierischen Fasern, dafs sie keinen Stickstoff und keinen Schwefel besitzen. Ferner sind sie weniger hygroskopisch als tierische Fasern und weniger widerstandsfähig gegen Säuren (siehe Karbonisation), aber widerstandsfähiger gegen Alkalien als Tierhaare.

Botanisch charakterisieren sie sich dadurch, dafs sie — mit Ausnahme der Pflanzenhaare — immer Teile des Pflanzenkörpers sind und daher keine Cuticula (Oberhaut) besitzen. Aufserdem sind sie stets zu Bündeln von bedeutender Länge vereinigt, während tierische Haare viel kürzer sind. Im Gegensatz zu den tierischen Fasern quellen vegetabilische mit verdünnter Lauge nicht; tierische Fasern quellen und werden durchsichtig. Zur Untersuchung der Pflanzenhaare mufs man vorher die Appretur entfernen (siehe S. 171). Man zieht dann die Kettenfäden (Längsfaden) sowie den Einschlag, Schufs (Querfäden) heraus und prüft jeden Faden für sich unter dem Mikroskop. Pflanzenfasern haben einen zentralen Hohlraum, während Tierhaare kein Lumen, dafür aber einen mehr oder minder starken Markzylinder haben (ausgenommen natürliche Seide). Weitere Unterscheidungsmerkmale sind folgende: Animalische Fasern verbreiten beim Verbrennen den Geruch nach verbranntem Horn, vegetabilische Fasern nach verbranntem Papier. Tierische Haare und Wollen (nicht Seide) enthalten Schwefel und geben sich beim Kochen mit alkalischem Bleioxyd durch intensive braunschwarze Färbung, herrührend von gebildetem Schwefelblei, zu erkennen.

Allgemeine Methode zur Untersuchung u. Trennung der Fasern.

b) Methoden zur Trennung.

1. Zur Trennung der Wollen und Seiden von Pflanzenhaaren und Bastfasern ist nach Hager-Mez folgendes Verfahren sehr zu empfehlen: Man kocht das zu untersuchende Gewebe zunächst 20 Minuten mit Wasser, um alle wasserlöslichen Anteile zu entfernen; dann wird das Stück ausgewaschen und getrocknet. Das getrocknete Stück wird mit basischem Zinkchlorid gekocht, ausgewaschen und wieder getrocknet. Das so behandelte Stück wird nun mit 10 % Natronlauge gekocht:

In Lösung gegangen . . . natürliche Seide;
„   „   „   . . . Wolle und Haare.

Es bleiben die Pflanzenfasern und Kunstseiden übrig.

2. Enthält die Probe nur Baumwolle und Wolle, wie das in Baumwollengarnen häufig vorkommt, so genügt ein Kochen mit 10 % Natronlauge zur Entfernung der Wolle. Die bestehende zolltechnische Vorschrift sagt darüber:

Man bringt 5 g der Garnprobe, mit 10 %iger Natronlauge übergossen, in etwa 20 Minuten zum Sieden und kocht dann noch eine Viertelstunde unter Ersatz der verdunstenden Lauge. Während dieser Zeit löst sich die Wolle auf. Man filtriert nun durch einen Goochtiegel an der Saugpumpe ab und wäscht bis zum Verschwinden der alkalischen Reaktion mit heifsem Wasser aus, trocknet dann zunächst mit Alkohol und Äther und darauf im Trockenschrank. Vor dem Wägen läfst man den Tiegel etwa 20 Minuten an der Luft stehen. (Man würde sonst die Baumwolle wasserfrei wiegen!) Das Gewicht des Tiegels (+ Baumwolle) — Gewicht des leeren Tiegels = reine Baumwolle. Der Gehalt läfst sich leicht in Prozenten angeben. Man führe die Bestimmung doppelt aus.

3. Trennung von Seide und Baumwolle mittelst Nickeloxydulammoniak (siehe unter natürlicher Seide).

Zur Unterscheidung nur pflanzlicher Fasern gibt Hager-Mez in seinem Buche „Das Mikroskop und seine Anwendung" einen sehr praktischen Schlüssel, der in der beigefügten Tabelle I in etwas gekürzter Form wiedergegeben ist. Die Tabelle enthält nur Fasern, welche weder in 10 % Lauge noch in basischem Zinkchlorid löslich sind. Sie ordnet die Fasern nur nach den mikroskopischen Unterscheidungsmerkmalen. Die Zusammenstellung der Fasern nach ihrem Verhalten gegen chemische Reagenzien befindet sich in Tabelle II.

Tabelle Ia[1]).
Mikroskopische Unterscheidungsmerkmale der Pflanzenfasern.

A. Fasern aufserordentlich lang und dick, gleichmäfsig zylindrisch, mit starker Längsstreifung ohne Lumen und ohne Spitze	Kunstseide.
B. Fasern mit einfachem oder mehrfachem Lumen, mit Spitzen	Natürliche Fasern.
I. Durch Behandlung mit Kupferoxydammoniak ist eine Cuticula nachweisbar; niemals mehrere Zellen zu einer Faser zusammengekittet. . .	Pflanzenhaare.
a) Haarbasis mit netzförmiger Membranverdickung; Zellen nicht oder kaum gedreht.	Kapok, Bombaxwollen.
b) Ohne Membranverdickungen, gedrehte Fasern	Baumwolle.
II. Zellen ohne Cuticula (Sklerenchymfasern); stets mehrere oder viele Zellen zu einer Faser zusammengekittet	Bastfasern.
a) Wenigstens die dicken Fasern (von monokotylen Pflanzen) enthalten Gefäfse . . .	Manilahanf usw.
1. Die veraschten Fasern zeigen rundliche, auffällige Kieselkörper	Manilahanf.
2. Ohne Kieselkörper	Pandanus, Agave, Phormium usw.
α) Asche enthält nicht kristallinische Körner von Calciumoxyd	Pandanus.
β) Asche mit kristallinischen Calciumoxydkörnern	Agave, Phormium.
✕ Fasern enthalten Parenchymzellen mit Kalkoxalatkristallen	Pite und Sisalhanf.
✕ ✕ Fasern ohne gröfsere Kristalle .	Phormium usw.
§ Maximaldurchmesser der Zellen 8—19, meist 13 μ	Phormium.
b) Alle Fasern (von dikotylen Pflanzen) ohne Gefäfse	Flachs, Nessel, Hanf, Ramie, Gambohanf, Jute, Sunn.
1. Lumen, sich nicht auffallend verengend oder erweiternd	Flachs, Nessel, Hanf, Sunn, Ramie.
α) Querschnitt der Zellen polygonal oder rundlich	Flachs, Nessel, Hanf, Sunn.
✕ Kupferoxydammoniak löst die Fasern allmählich oder nicht	Flachs, Nessel, Hanf, Sunn
§ Lumen eng, strichförmig, stets schmaler als ein Drittel der Zellbreite	Flachs und Nessel.
• Maximaldurchmesser, 12—26 meist 15—17 μ	Flachs.
•• Maximaldurchmesser 20—35, meist 25—30 u.	Nessel.

---
[1]) Diese Tabelle enthält nur die im Text behandelten Fasern.

Allgemeine Methode zur Untersuchung u. Trennung der Fasern. 163

§§ Lumen weiter als ein Drittel der Zellbreite	Hanf und Sunn.
. Zellquerschnitt mit Jodschwefelsäure blaugrünlich. Enden der Zellen nicht halbkuglig, Maximaldurchmesser 15—28 μ	Hanf.
.. Zellquerschnitt mit Jodschwefelsäure kupferrot, Enden der Zellen halbkuglig. Maximaldurchmesser 20—42 μ	Sunn.
β) Querschnitt der Zellen, unregelmäfsig zusammengedrückt	Ramie.
2. Zellumen, sich in derselben Bastzelle auffallend verengend und erweiternd .	Gambohanf, Jute.
α) Die Aufsenlinie der Bastzellen gerade, daher Aufsen- und Innenlinien nicht parallel	Gambohanf, Jute.
✗ Lumen stellenweise vollständig verschwindend	Gambohanf.
§ Querschnitt durch Jodschwefelsäure blau	Gambohanf.
✗ ✗ Lumen überall sichtbar, oft nur strichförmig	Jute.
§ Faserbündel ohne Kalkoxalat führendes Parenchym	Jute.

Tabelle Ib[1]).

Unterscheidung der hauptsächlichsten vegetabilischen Papierfasern.

A. 5%ige Jodjodkaliumlösung färbt gelb	Holzschliff und Jute.
I. Faserbündel mit zerschlissenen Enden, Elemente stark getüpfelt, mit Phlorogluzinsäure stark rot	Holzschliff.
II. Einzelfasern oder ganz dünne Bündel, Elemente ohne starke Tüpfelung, mit Phlorogluzinsalzsäure schwach rot	Jute.
B. 5%ige Jodjodkaliumlösung färbt fast gar nicht	Nadel- und Laubholzzellulose, Stroh- und Alfazellulose.
I. Ohne beigemengte, wellig berandete Grasepidermiszellen	Nadel- und Laubholzzellulose.
a) Ohne Gefäfse	Nadelholzzellulose.
b) Mit Gefäfsen	Laubholzzellulose.
II. Mit wellig berandeten Grasepidermiszellen .	Stroh- und Alfazellulose.
a) Parenchym dünnwandig, ohne Krallenhaare	Strohzellulose.
b) Kein dünnwandiges Parenchym, mit Krallenhaaren	Alfazellulose.
C. 5%ige Jodjodkaliumlösung färbt violett, rötlich oder bräunlich	Baumwolle, Flachs, Hanf.
I. Bandförmige, gedrehte Fasern	Baumwolle.
II. Zylindrische, nicht gedrehte Fasern	Hanf und Flachs.

---

[1]) Tabelle Ia und Ib sind aus Hager-Mez entnommen.

Tabelle
Verhalten der Pflanzen-

Faser	Reagens					
	Kupferoxydammoniak	Jodlösung	Jodschwefelsäure	Chlorzink	Chlorzinkjod	Anilinsalze
Zellulose (Hydrozellulose)	kalt, leicht löslich	färbt nicht	violett bis blau	löslich	violett bis blau	nicht gefärbt
Baumwolle	leicht löslich	färbt nicht	violett	löslich	rotviolett bis blauviolett	ungefärbt
Baumwolle, mercerisiert	quillt	färbt nicht	violett	löslich	blau	färbt nicht
Vegetabil. Seiden .	schwache Blaufärb.	—	gelb bis bräunlich	—	—	intensiv gelb
Bombaxwollen . . .	greift fast nicht an	—	gelb bis braun	—	violett	schwach gelb
Kokosfaser	quillt, Blaufärb.	—	—	—	—	intensiv gelb
Manilahanf	quillt, Blaufärb.	gelb	dunkelgelb bis grünl.	—	—	schwach gelb
Pite	quillt, Blaufärb.	gelb	grünlich bis braun	—	—	gelb
Sisalhanf	quillt, Blaufärb.	gelb	grünlich bis braun	—	—	gelb
Neuseeländ. Flachs .	quillt, Blaufärb.	gelb	grünlich bis blau	—	—	gelb
Sanseviera	quillt, Blaufärb.	—	schwach bläulich	—	schwach violett	schwach gelblich
Esparto	Faser: grün, Bast: blau gelöst	—	Fas.: rostrot Bast: grüngelb	—	—	Bast: gelb
Piassave	—	—	—	—	—	gelb.
Pandanus	blau (grünlich)	—	hellbraungelblich	—	—	gelb
Flachs	quillt gelatinös	—	blau	—	bräunlich bis rot	färbt nicht
Hanf	blau bis grün, quillt ungelöst	—	grünlichgelb	—	violett	schwach gelb
Gambohanf	löst fast ganz	goldgelb	quillt, Indigoblau	—	—	schwach gelb
Sunn	blau, langsam gelöst	gelb	kupferrot	—	—	schwach gelb
Ramie	quillt, löst sich nicht ganz	Inhalt: violett	kupferrot bis blau	—	violett	nicht gefärbt
Nessel	grün bis blau ungelöst	—	schmutziggrünlich	—	—	deutlich gelb
Jute, ungebleicht .	bläulich schwache Quellung	intensiv goldgelb	braungelb	—	bräunlich	stark gelb
Jute, gebleicht maz.	gelöst	—	blau	—	blau	nicht gefärbt
Lindenbast	Blaufärbung	dunkelgelb	schmutzigbraun	—	bräunlichviolett	gelb bis zitrongelb

II.
fasern gegen Reagenzien.

Phlorogluzinsäure	Alkali	Salzsäure, konzentr.	Salpetersäure, rauchend	Chromsäure	Schwefelsäure, konzentr.	Ammoniak	Salpetersäure, 60%
nicht gefärbt	Hydrozellulose	Hydrozellulose	—	—	zerstört	—	nitriert
färbt nicht	quillt	greift kalt nicht an	—	—	quillt kalt	—	nitriert
färbt nicht	—	greift kalt nicht an	—	—	löst	—	oxydiert
violett	—	löst	—	—	löst	—	oxydiert
schwach rot	—	löst	—	—	löst	—	—
rot	mazeriert	—	—	mazeriert	löst	—	—
schwach rot	mazeriert	mazeriert	—	—	—	—	—
violettrot	mazeriert	—	—	mazeriert	—	—	—
violettrot	mazeriert	—	—	mazeriert	—	—	—
rötlich	mazeriert	rotbraun bis schwarz	rot	—	—	—	—
schwach rötlich	—	—	—	—	—	—	—
Bast: rotviolett	—	—	—	—	—	—	—
rot	—	—	—	—	—	—	—
rot	—	—	—	—	—	—	—
färbt nicht	—	greift kalt nicht an	—	löst	—	—	—
schwach rot	—	greift kalt nicht an	schwach gelb	—	—	—	—
schwach violett	mazeriert	—	—	mazeriert	—	—	—
rötlich	—	—	—	—	—	—	—
nicht gefärbt	mazeriert	—	—	mazeriert	—	—	—
deutlich rot	—	—	—	—	—	—	—
stark rot	—	gelb	NO_3H konz. rotbraun	—	braun	blutrot	—
nicht gefärbt	—	—	—	—	—	rotbraun	—
rot bis violett	mazeriert	—	—	mazeriert	zerstört	—	—

Tabelle III[1]).
Verhalten tierischer Fasern gegen Reagenzien.
Anhang: Vergleich der Seide mit Kunstseide.

Reagens	Faser				
	Haare	Wolle	echte Seide	wilde Seide	Kunstseide
Kupferoxyd-ammoniak	—	—	fast ganz gelöst	nicht angegriffen	gelöst
alkal. Kupferglyzerinlösung	—	—	bei gew. Temperatur gelöst	kaum angegriffen	ohne Einwirkung
ammoniak. Nickellösung	—	—	bei gew. Temperatur gelöst	auch heifs nicht angegriffen	ohne Einwirkung
Fehlingsche Lösung	—	—	leicht gelöst	leicht gelöst	ohne Einwirkung
konz. Kalilauge	gelöst	gelöst	langsam gelöst	schrumpft, sehr langsam gelöst	Quellung, Gelbfärbung ohne Lösung
40%ige Kalilauge	gelöst	gelöst	langsam gelöst	schrumpft, sehr langsam gelöst	Quellung, Gelbfärbung ohne Lösung
Jodlösung	gelbbraun	gelbbraun	starke Braunfärbung	schwache Braunfärbung	Blaufärbung
Chlorzinklösung	—	—	in der Hitze löslich	heifs löslich	heifs löslich
Chlorzinkjod	—	strohgelb	strohgelb	strohgelb	blafsviolett
Millons Reagens	—	kochend: violette Färbung	kochend: violette Färbung	auch kochend keine Veränderung
Nefslers Reagenzpapier	mit Lauge vorsichtig erwärmt: intensive gelbbraune Färbung				ungefärbt
Curcumapapier	mit Lauge vorsichtig erwärmt: intensive Braunfärbung				ungefärbt
Stickstoffprozent	—	—	16,5—17%	16,5—17%	bis 0,2%
Schwefelprobe	mit alk. Bleioxyd gekocht: braunschwarz		ungefärbt	ungefärbt	ungefärbt
Diphenylaminsulfat	—	—	schwache Bräunung	starke Bräunung	meist Blaufärbung
Bruzinsulfat	—	—	schwache Bräunung	schwache Bräunung	ziegelrot
Schulzes Reagens	zerstört			nicht angegriffen	zerstört
Chlor oder Jod	—	gelb bis braun			—
Salpetersäure, verdünnt	—	gelb	gelb	—	—
Salpetersäure, konzentriert	beim Kochen zerstört	greift stark an; heifs zerstört	löslich beim Kochen	löslich beim Kochen	löslich beim Kochen
Salzsäure, konzentriert	—	nicht angegriffen	heifs gelöst	—	—
Chromsäure, 20%ige	—	heifs gelöst	heifs gelöst	heifs stark angegriffen, gelöst	gelöst
Asche in %	1—1,5%				ca. 0,1%

[1]) Tabelle III ist in erweiterter Form aus Süvern, „Die künstliche Seide", entnommen.

Allgemeine Methode zur Untersuchung u. Trennung der Fasern. 167

c) Polarisationserscheinungen.

Nach den Polarisationsfarben und nach ihrem polarimetrischen Eigenschaften gruppiert Behrens (Mikroskopische Analyse) die häufigsten Fasern, wie folgt:

Violett erscheinen	Flachs, Hanf und Faserbündel von Jute,
orange	„	Seide,
gelb	„	Esparto und Jute,
weifs	„	Wolle,
hellgrau	„	Baumwolle.

Nach der Dicke der Fasern und der Stärke der Polarisation gruppieren sich die Fasern, wie folgt:

1. Dicke Fasern:
    a) schwach polarisierend: Wolle, Manilahanf,
    b) stark polarisierend: Hanf und Jute.
2. Dünne Fasern:
    a) schwach polarisierend:
        gleichmäfsig gefärbt: echte Seide,
        ungleichmäfsig gefärbt: Baumwolle.
    b) stark polarisierend:
        gleichmäfsig gefärbt: Flachs,
        ungleichmäfsig gefärbt: wilde Seiden.

Besonders im polarisierten Licht erkennt man, dafs Hanf und Wolle etwa doppelt so dick sind wie Baumwolle, und dafs Seide etwa ein Drittel dünner ist als Baumwolle.

d) Trennung durch Färbung.

In dem verschiedenen Verhalten der Faser gegen Farbstoffe hat man ein weiteres Mittel, in einem Gemenge von Fäden die einzelnen Fasern deutlich zu erkennen.

1. Färbung mit Malachitgrün und Kongorot (nach Behrens). Man kocht eine Gewebeprobe mit Malachitgrün in essigsaurer Lösung, läfst erkalten, filtriert und wäscht aus. Dann bringt man dieselbe grün gefärbte Probe in eine lauwarme Lösung von Kongorot, welches mit etwas Natriumkarbonat versetzt ist. Nach einigen Minuten filtriert man ab und wäscht aus. Unter dem Mikroskop erkennt man dann, dafs einige Fäden nicht mehr

grün sind. Die Gruppierung nach der Aufnahme der Farbe ergibt die folgende Zusammenstellung:

Malachitgrün färbt waserecht grün: Seide, Jute und Wolle.
„   „   halbecht grün: Hanf, Manilahanf.
„   „   unecht grün: Baumwolle und Flachs.

Malachitgrün färbt auch tannierte Baumwolle grün.

Beim Auswaschen der Grünfärbung bleichen Hanf und Manilahanf stark; Baumwolle und Flachs geben die grüne Farbe völlig ab und färben sich im Kongorot intensiv rot.

2. **Trennung von Baumwolle und Flachs durch ihr Verhalten gegen Methylenblau.** Methylenblau färbt beide Fasern halbecht. Um dunklere Töne zu erzielen, setzt man Ammoniak zu und erwärmt einige Zeit. Wäscht man dann andauernd aus, so gibt die Baumwollenfaser schließlich den Farbstoff wieder ab, während Flachs die Farbe behält. Durch gelindes Trocknen verschärft sich der Gegensatz noch. Ebenso durch darauf folgende Anwendung der Ölprobe (siehe S. 171).

3. **Hanf und Flachs** kann man ebenfalls durch Färben mit Malachitgrün und einem roten Farbstoff, in diesem Falle besser Benzopurpurin, unterscheiden. Die Hanffaser bleibt nach dem Auswaschen grün; die Flachsfaser wird rot, mit deutlicher, grüner Mittellinie.

Auf die übrigen zahlreichen Trennungsmethoden der Fasern durch Färbung und Kombinationsfärbung einzugehen, würde zu weit führen. Außerdem lassen sich viele Methoden nicht so ohne weiteres ausführen.

e) Entfärbung zur Untersuchung.

Um dunkel gefärbte Fasern und Zeuge mikroskopieren zu können, muß man dieselben meist entfärben. Schwarze Tierhaare (wie die Haare vom Schweif und der Mähne des Pferdes zum Beispiel), ferner Leder sind ohne Zerstörung des Gewebes überhaupt kaum zu entfärben oder auch nur aufzuhellen. Zur Entfärbung eignen sich hauptsächlich folgende Reagenzien:

1. **Verdünnte Salpetersäure.** Man kocht die Probe damit einige Zeit, bis man bemerkt, daß die Aufhellung eintritt. Man läßt dann die Reaktion während des Abkühlens weitergehen. Durch Auswaschen mit heißem Wasser, eventuell verdünntem Ammoniak, wird die Faser gereinigt. Flachs und Baum-

Allgemeine Methode zur Untersuchung u. Trennung der Fasern. 169

wolle werden häufig völlig entfärbt. Wolle und Seide werden bleibend gelb gefärbt. Dieses Entfärbungsmittel eignet sich hauptsächlich bei Farbstoffen, die sich leicht nitrieren lassen.

2. Wirkung von Alkalien und Säuren. Verdünnte Lösungen von Alkalien sowie solche von Säuren zerstören ebenfalls manche Farbstoffe. Manchmal muſs man ein Gewebe abwechselnd mit Alkali und Säure (in verdünnter Lösung) behandeln. Die Einwirkung muſs meist in der Siedehitze stattfinden. Durch reichliches Auswaschen mit heiſsem Wasser entfernt man die Umsetzungsprodukte der Farbstoffe. Namentlich bei Berlinerblau und Schwarz geeignet.

3. Entfärbung vermittelst reduzierender Mittel. Mit Zinn und Salzsäure werden Azofarbstoffe und Sulfosäuren usw. leicht in der Wärme reduziert. Man legt die zu entfärbende Probe auf ein Stück Zinnblech, bringt Salzsäure darauf und erwärmt.

Triphenylmethanfarbstoffe reduziert man in der analogen Weise auf Zinnblech, aber mit verdünnter Natronlauge statt der Säure.

Hat man gar keinen Anhaltspunkt über die chemische Natur der zur Färbung der Faser verwandten Farbstoffe, so verfährt man am besten folgendermaſsen: Man probiert die Entfärbung mit den unten aufgeführten Reagenzien in der angegebenen Reihenfolge, wobei nach jedem Reagens mit Wasser gut auszuwaschen ist. Man läſst die Extrahierungs- bezüglich Entfärbungsmittel erst in der Kälte, dann in der Wärme einwirken. Man behandle die Faser in folgender Reihenfolge: Wasser — absoluter Alkohol — Äther — Essigsäure — verdünnte Salzsäure — verdünnte Salpetersäure — verdünnte Lauge — Ammoniak — (Zinn + Salzsäure) — (Zinn + Lauge) — Eau de Javelle. Zwischendurch prüfe man stets, ob die Entfärbung genügend weit vorgeschritten ist, und kontrolliere dabei, ob die Faser etwa angegriffen und zerstört wird. Eau de Javelle (siehe Reagenzien) ist ein vorzügliches Entfärbungsmittel, welches schon in der Kälte, zwar nicht sehr rasch, aber sehr energisch, wirkt. In der Hitze wirkt es sehr rasch. Man muſs zum Schlusse gut auswaschen. Schulzes Mazerationsgemisch eignet sich für Entfärbungen kaum, da es zugleich den ganzen Zellverband löst. Ist dieses erwünscht, leistet das Gemisch sehr wertvolle Dienste. Will man entfärbte Gewebe zwecks Identifizierung wieder anfärben, so müssen alle Entfärbungsmittel, namentlich aber Salpetersäure sowie die reduzierenden Mittel, äufserst sorgsam ausgewaschen werden, da dieselben sonst häufig die Färbung verdecken, bezüglich das Eintreten der Reaktion, z. B. der Chlorzinkjodreaktion, verhindern.

f) Kritik der technischen Methoden.

Von den „technischen" Prüfungsmethoden sind folgende zu nennen:

1. Die Probe mit konzentrierter Schwefelsäure zur Unterscheidung von Baumwolle und Flachs sowie von Seide neben Wolle. Sie beruht darauf, dafs Baumwolle sich bei kurzem Eintauchen in konzentrierter Schwefelsäure auflöst, während Flachs zurückbleibt. Man mufs die Appretur sorgfältig auswaschen und trocknen. Die getrockneten Fäden werden 1 bis 2 Minuten in konzentrierte Schwefelsäure getaucht, dann mit Wasser und verdünntem Ammoniak ausgewaschen; die Baumwolle löst sich auf. Der Flachs wird aber auch angegriffen. Das Verfahren ist mit Vorsicht anzuwenden nnd auszuführen und ist nur bedingt brauchbar. Seide löst sich unter Zerfliefsen, Wolle wird dicker und aufgetrieben. Die Unterscheidung ist brauchbar, aber nicht die beste Methode.

2. Die Kaliprobe. Man kocht die zu prüfenden Fäden mit ziemlich konzentrierter Lauge. Wolle quillt und löst sich schliefslich. Flachs, der nicht genügend gebleicht ist, wird dunkelgelb. Bei gebleichtem Flachs bleibt die Reaktion aus. Die Methode ist nicht zuverlässig genug, um danach sicher zu entscheiden.

3. Die Brennprobe. Man zündet die Fäden am Ende an und löscht die Flamme sogleich aus; es ist dann das Ende
des Baumwollenfadens pinselförmig ausgebreitet
„ Leinenfadens glatt, zusammenhängend
„ Wollfadens ähnlich wie bei der Baumwolle,
„ Seidenfadens „ „ „ Leinen.

Bei den letzten beiden tritt dabei der Geruch von versengten Haaren deutlich auf.

Die Prüfung erfordert viel Übung, bis man den richtigen Zeitpunkt zum Auslöschen des Fadens gefunden hat, damit die pinselförmige Ausbreitung sichtbar wird.

Allgemeine Methode zur Untersuchung u. Trennung der Fasern. 171

4. **Die Ölprobe.** Zur Unterscheidung von Flachs und Baumwolle. Man tränkt die Fäden mit Olivenöl (Rüböl) und saugt mit Fliefspapier den Ölüberschufs ab. Trifft man nun den richtigen Moment in der Entfernung des Öles, so erscheinen die Baumwollfäden undurchsichtig mit weifslichem Glanz, während die Flachsfäden dunkelfarbig durchsichtig sind. Im durchfallenden Licht erscheinen die Baumwollfäden schwärzlich; die Leinenfäden lassen stark gefärbtes Licht durch. Die Probe erfordert viel Übung und Aufmerksamkeit des Arbeitenden und ist deshalb wenig zu empfehlen. Leichter zu handhaben ist sie bei Kombination mit der Methylenblaufärbung (siehe Seite 168). Im durchgehenden Lichte erscheinen dann die Baumwollfäden grünlich, die Leinenfäden dunkelblau.

g) Die Appretur.

Die Appretur eines Gewebes wird erreicht:
1. durch Imprägnieren mit verschiedenen Substanzen;
2. durch mechanische Bearbeitung.

Uns interessiert hier nur das Imprägnieren mit Substanzen, da dieselben, weil störend bei der Untersuchung, entfernt werden müssen.

Die Appreturmittel kann man in folgende Gruppen einteilen:
1. solche, die den Stoff hart und steif machen sollen; das sind: Stärke, Dextrin, Gummi, Leim usw.;
2. solche, die den Stoff weich und glänzend machen sollen; das sind: Stearin, Paraffin, Öl usw.;
3. Substanzen, die den steifen Stoff wieder geschmeidig machen: Glyzerin, Zinksalze usw.;
4. Beschwerungsmittel: unlösliche Kalk- und Barytsalze.

Alle diese Appreturmittel müssen vor der Untersuchung entfernt werden. Mit Jodjodkalium kann man die Anwesenheit von Stärke feststellen, durch Erzeugung des blauen Fleckes. Durch Kochen, manchmal nur mit Wasser, sicher aber mit 10 % Natriumkarbonat, kann man die Appretur entfernen. Man wäscht mit kaltem Wasser aus und trocknet eventuell das Gewebe.

Die zur Papierfabrikation verwandten Fasern (Jucca und Bambus) enthalten in mazeriertem Zustande sowohl Bast als Holz, so dafs man hier nicht von **einer** bestimmten Reaktion sprechen kann. Durch die entsprechenden Reagenzien kann man die Anwesenheit des einen Bestandteiles eventuell neben einem anderen nachweisen.

Die Torffaser wird, wie im Text hervorgehoben, an gewissen Bestandteilen charakteristischer Natur erkannt. Die Holzreaktion tritt stets ein; doch kann man nicht eigentlich von ihr als von einer spezifischen Reaktion sprechen.

Holzschliff und Holzzellulose sind ebenfalls durch anatomische Merkmale charakteristisch. Holzschliff als Gewebegemenge hat keine spezifische Reaktion; selbstverständlich treten die Ligninreaktionen intensiv ein. Holzzellulose dagegen ist einheitlich und besteht aus fast reiner Zellulose; gibt dementsprechend die Zellulosereaktionen mit Jodschwefelsäure und mit Chlorzinkjod.

VII. Untersuchung einiger landwirtschaftlich wichtiger Stoffe.

Ein Getreidekorn, das Ausgangsmaterial für die Mehlgewinnung, besteht aus folgenden Teilen: 1. der Samenschale, 2. der Kleberschicht, 3. dem Keim und 4. dem Mehlkörper. Uns interessiert hier nur der Mehlkörper und die ihm nach aufsen angrenzende Schicht, die Kleberschicht. Die Form der Getreidekörner ist ziemlich gleichmäfsig oval bis länglich. Man unterscheidet an jedem Korne ohne weiteres zwei verschiedene Enden. Das eine ist in nichts von dem Mittelstück des Kornes verschieden; das andere dagegen trägt einen kleinen, schuppenartigen Körper. Dieses kleine Gebilde ist der Keim, der nahe der Oberfläche des Kornes liegt. Keim und Mehlkörper sind von der Frucht- und der Samenschale umgeben. Löst man dieselbe los, so kommt man zunächst an eine Zellenschicht, die den Mehlkörper vollständig umkleidet. Diese Schicht ist sehr eiweifsreich und heifst die Kleberschicht. Das Endosperm, der Mehlkörper, enthält in seinen Zellen die Stärke. Die Stärke ist bei den einzelnen Getreidearten sehr verschieden und kann mit Vorteil zur Unterscheidung der Mehle herangezogen werden. Stärke ist chemisch den Körpern der Zuckergruppe verwandt. Man kann Stärke mittelst einer Reaktion neben anderen Pflanzenstoffen scharf nachweisen. Stärke wird nämlich mit Jodlösungen intensiv blau. Bei Ausführung der Reaktion ist darauf zu achten, dafs die Jodlösung nicht zu stark ist, da die Stärkekörner sonst ganz schwarz werden. Die Stärke dient den Pflanzen als Reservestoff und wird als solcher in den Zellen abgelagert. Im Keim speziell dient sie ausschliefslich als erster Nährstoff für den Keimling. Neben der Stärke findet man in den Zellen auch häufig Körper, die manchen Stärkekörnern ähnlich sehen.

Das sind die sogenannten Inulinkristalle. Sie unterscheiden sich von der Stärke dadurch, daſs sie im Gegensatz zu derselben nicht quellungsfähig sind und sich mit Jod nicht färben.

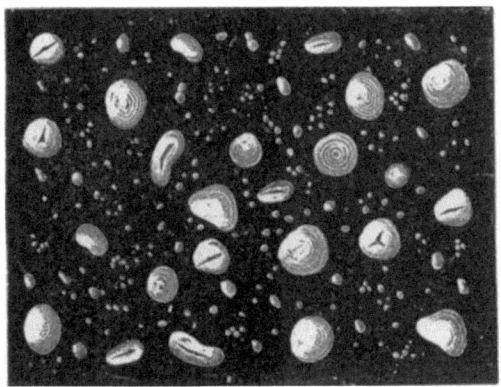

Fig. 111. Gerstenstärke (nach Möller).

Man unterscheidet ganze und zusammengesetzte Stärkekörner. Jedes Stärkekorn besteht aus einer Anzahl von Schichten,

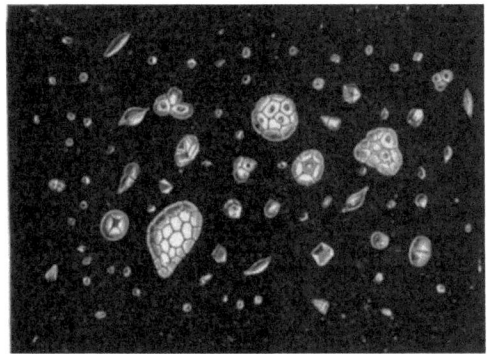

Fig. 112. Haferstärke (nach Möller).

die um einen Kern herumgelagert sind. Die Figuren 111—114 stellen die Stärkekörner der gebräuchlichsten Zerealien dar:

Weizen-, Roggen- und Gerstenstärke sind einfache Stärkekörner (nur selten beim Weizen zusammengesetzte Körner);

Haferkörner dagegen bestehen aus zusammengesetzten Körnern. In Präparaten findet man aber meist nur die einzelnen Teilkörner.

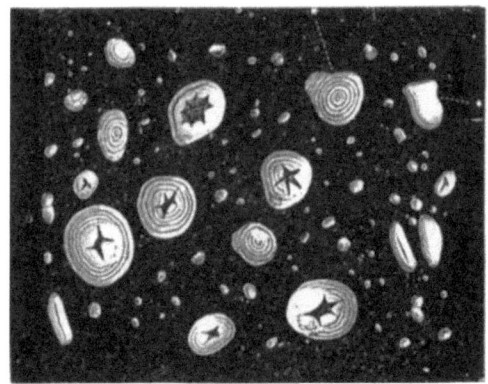

Fig. 113. Roggenstärke (nach Möller).

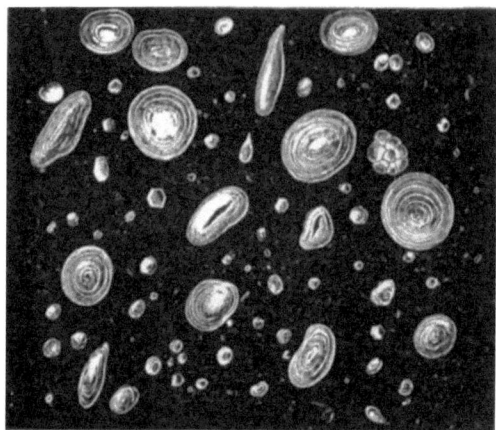

Fig. 114. Weizenstärke (nach Möller).

An den Stärkekörnern der drei ersten Arten kann man deutlich den Kern, meist in der Form der Kernhöhle, die vom Kern ausgehenden Spalten und die zentrischen Schichtungen des Kornes erkennen. Die drei Zerealien besitzen zentrisch geschichtete Stärkekörner im Gegensatz zur Kartoffelstärke sowie vielen anderen Stärkearten, bei denen der Kern nahe dem einen

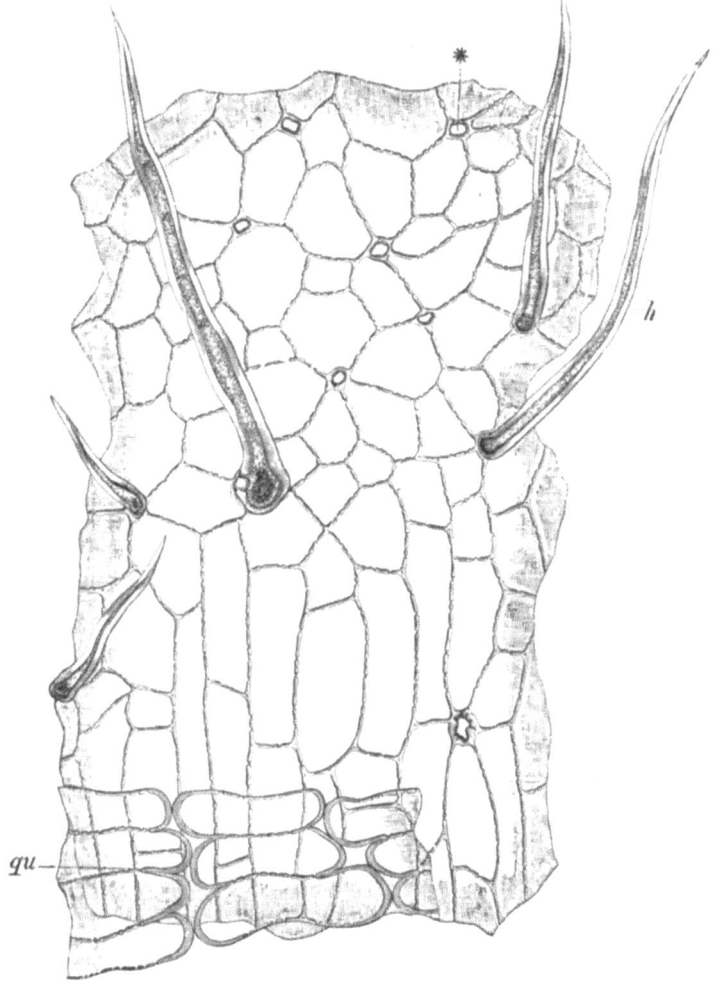

Fig. 115. Oberhaut des Roggens mit Haaren (nach Möller). *qu* Querzellen. *h* Haare.

Ende des Kornes liegt, wodurch eine exzentrische Schichtung zustande kommt. Der Weizen hat gröfsere Stärkekörner als Roggen und dieser wieder gröfsere als Gerste.

Die Stärke ist der Hauptbestandteil des Mehles. Dasselbe enthält je nach Reinheit und Feinheit gröfsere oder kleinere Mengen von Spelzenteilen oder Kleber. Der Kleber ist nach dem bisher Ausgeführten als der proteinhaltige Bestandteil des Kornes zu bezeichnen. Er bildet eine gelblichgraue, zähe, plastische Masse, die getrocknet hornartig erscheint. Kleber färbt sich als Eiweifssubstanz mit Jod gelb, nicht blau, wie die Stärke. Er wird vielfach bei der Bereitung gewisser Nahrungsmittel verwandt.

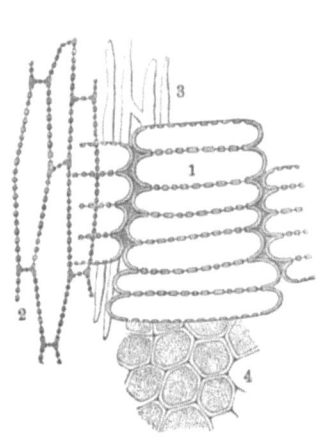

Fig. 116. Querschnitt durch Roggenschale (nach Wittmack). 1 Querzellen, 2 Längszellen, 3 Schlauchzellen, 4 Kleberzellen.

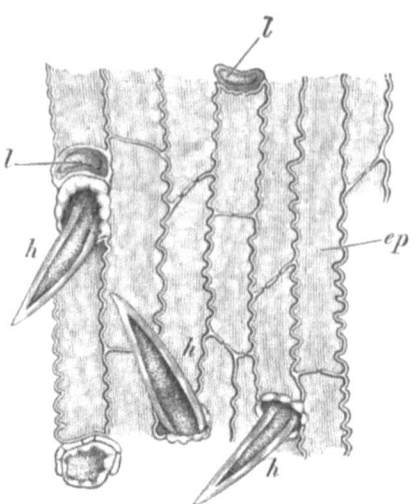

Fig. 117. Oberhaut des Deckspelzes von Hafer. h Haare (nach Möller).

Als drittes Mahlprodukt ist die Kleie zu nennen. Kleie besteht aus den äufseren Hüllen (Frucht- und Samenschale) der Getreidesamen. Sie enthält stets Teile des Klebers und des Mehlkörpers und je nach der Getreideart bis 30 % Holzfaser. Bei Gerste und Hafer ist die Fruchtschale des Kornes mit den Spelzen verwachsen und bleibt daher beim Dreschen am Korn; bei Roggen und Weizen dagegen nicht. Zur Untersuchung der Kleien (wie auch anderer Futtermittel) kocht man eine feingemahlene Probe zunächst mit 5 %iger Schwefelsäure, wäscht dann aus und kocht dieselbe Probe mit 5 %iger Kalilauge. (Ein einmaliges Aufkochen genügt.) Macht man dann von diesen

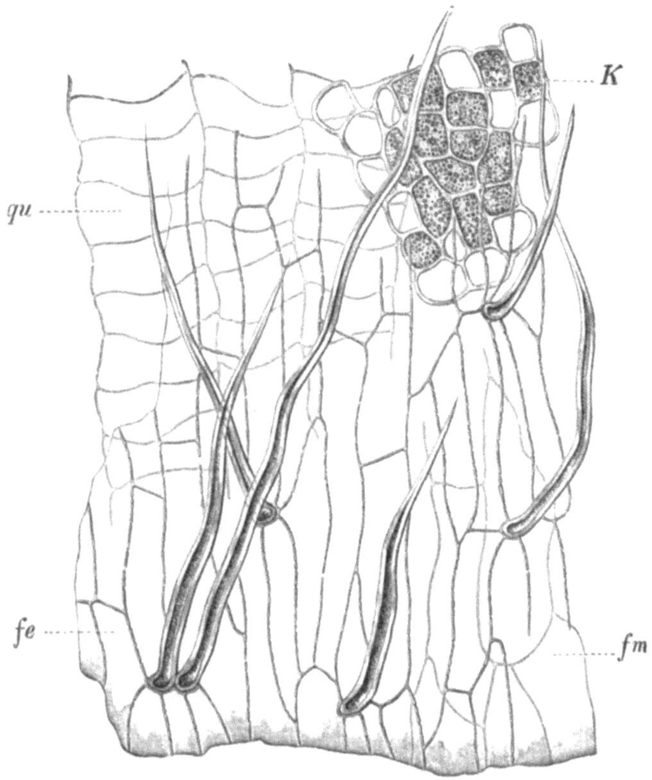

Fig. 118. Haferfruchthaut mit Haaren (nach Möller).

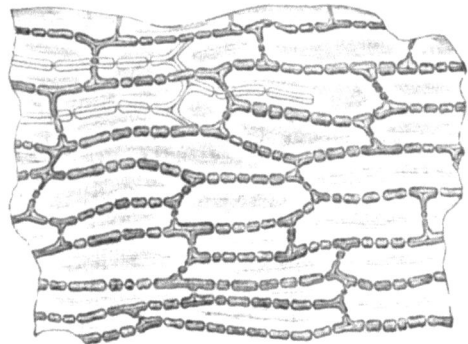

Fig. 119. Oberhaut (Querzellen) des Weizens (nach Möller).

Proben Präparate, so findet man die für die einzelnen Getreidearten charakteristischen gebildeten Zellen sowie die ebenfalls charakteristischen Epidermishaare. Die Stärke ist in derartig behandelten Präparaten natürlich nicht mehr nachweisbar.

Die Unterschiede der einzelnen Getreidearten in ihren Gewebepartien gehen aus den Möllerschen Figuren (Fig. 115, 117—121) scharf hervor. Auch die beiden Wittmackschen Bilder (Fig. 116 und 122) der Roggenschale und Weizenschale lassen die Unterschiede sehr gut erkennen. Die Unterschiede sind in folgender Tabelle zusammengestellt:

	Querzellen	Längszellen	Haare
Roggen .	Berührungsstellen verdickt, kürzer als beim Weizen.	lang, dünnwandig, getüpfelt, rhombisch verschoben.	Dünnwandig, Lumen weiter als die Wanddicke, und reicht bis in die Spitze.
Weizen .	länger, stärker verdickt als bei Roggen. An den Berührungsstellen dünnwandig und stofsen mit scharfen Ecken aneinander.	kürzer, stärker als bei Roggen; rosenkranzartig getüpfelt.	zahlreicher, länger als bei Roggen, dickwandig; Hohlwand meist linienförmig, höchstens so dick wie die Wand. Geht nicht bis zur Spitze.
Hafer . .	ganz dünnwandig, kaum getüpfelt. Zellen kaum länger als breit.	wenig verdickt, getüpfelt. Länger als bei vorigen.	äufserst lang. Lumen deutlich, so breit wie die Wanddicke. Nicht bis zur Spitze.
Gerste . .	ungetüpfelt, sehr dünne Zelle, scharfkantig aneinanderstofsend. Manchmal abweichend irreguläre Formen mit . . . . räumen.	ungetüpfelt, dünnwandig, nicht charakteristisch.	kurz, oft keilförmig. Lumen sehr weit, bis zur Spitze!

Charakteristisch für Gerste sind die Bestandteile der Spelze.

Nach Beneke kann man Roggenmehl in Weizenmehl (nicht aber umgekehrt) durch den Gehalt des Roggenmehls an Kleberzellen feststellen, welche sich mit Chloroform blau färben, während die Kleberzellen des Weizens ungefärbt bleiben:

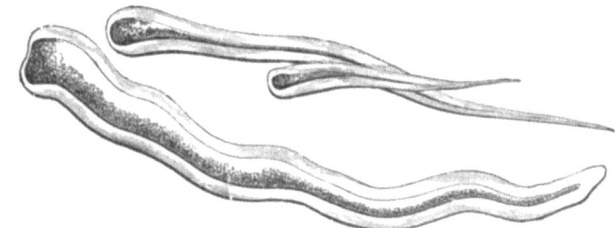

Fig. 120. Weizenhaare (nach Möller).

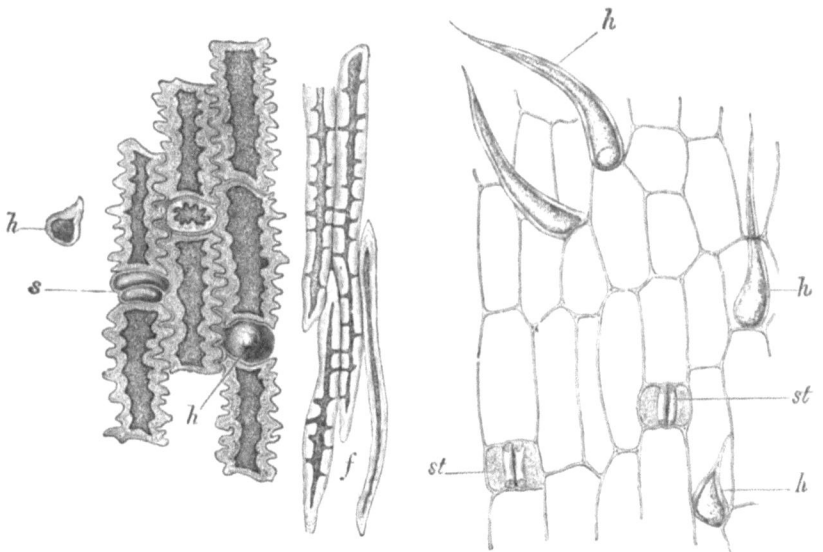

Fig. 121. Oberhautzellen und Haare der Gerste (nach Möller).
h Haare, *f* Faserzellen, *st* Schliefszellen.

Man übergiefst 100 g des Mehles in einem birnförmigen Gefäfs mit etwa 200 ccm Chloroform, verschliefst das Gefäfs, schüttelt andauernd tüchtig um, füllt mit Chloroform fast voll, schüttelt wieder und läfst stehen. Nach etwa 24 Stunden haben sich am Boden des Gefäfses die Kleberzellen abgesetzt; das

Stärkemehl und die übrigen Bestandteile bilden eine feste, dichte Decke. Zwischen Bodensatz und Decke befindet sich eine fast klare, gelbe Chloroformlösung.

Bei Roggenmehl geringster Beschaffenheit ist der Bodensatz dunkelolivgrün und die Decke hellblau.

Bei Weizenmehl bester Beschaffenheit ist der Bodensatz bräunlichgelb und die Decke fast weiſs.

Der Bodensatz solchen Roggenmehles ist weit gröſser als der des besten Weizenmehles. Roggenmehl hat stets mehr Kleber und Kleienteile als Weizenmehl und ist in der Farbe schon durch den graueren Ton unterschieden. Man zerrührt die Mehldecke in der Birne vorsichtig und gieſst sie samt der Chloroformlösung ab. Den Bodensatz spült man mit Äther in eine kleine Schale, läſst absitzen, dekantiert und kocht mit nicht zu wenig etwa 20 %iger Essigsäure. Weizenmehl wird hierdurch gelbbraun gefärbt, Roggenmehl tief rosenrot.

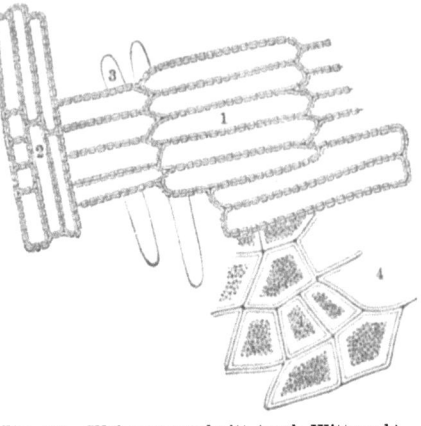

Fig. 122. Weizenquerschnitt (nach Wittmack)
1 Querzellen, 2 Längszellen, 3 Schlauchzellen, 4 Kleberzellen.

Die zolltechnische Prüfung des Mehles. Eingeführtes Getreide ist zollfrei, wenn dafür Mehl wieder ausgeführt wird. Zur Berechnung legt man die Annahme zugrunde, daſs

aus 100 kg Roggen 65 kg
aus 100 kg Weizen 75 kg } ausfuhrfähiges Mehl

gewonnen werden.

1. Um Beimischungen geringer Mehlsorten feststellen zu können wendet man das Pekarsche Verfahren an (Pekarisieren): Man macht auf einem Brett aus 5 g der zu untersuchenden Mehlproben flache Rechtecke, deren Kante man mit einem Messer scharf beschneidet. Dann taucht man das Brett schräg unter Wasser, bis alle Luftblasen entfernt sind. Die Farbenunterschiede

treten so deutlich hervor und werden mit reinen Mehlmustern verglichen. Je weifser das Mehl, desto reiner ist es, und umgekehrt.

2. Zur Beurteilung des Mehles läfst sich auch der Aschengehalt verwerten; je geringer ein Mehl, je mehr Kleie es enthält, desto gröfser ist der Aschengehalt. Die festgelegten Grenzwerte sind folgende:

	lufttrocken	abs Trocken
für Weizenexportmehl . . .	2,22 %	2,50 %
für Roggenexportmehl . . .	1,73 %	1,92 %
für Kleien aller Art	3,70 %	4,10 %.

Weizenmehl hat wegen der dickeren, holzigen Schale stets mehr Asche als Roggenmehl.

3. Gemische von gutem und geringem Roggenmehl, sowie grobes Mahlen geben manchmal eine Ausbeute von mehr als 70 %, ohne dafs durch die Typen (Vergleichsmuster) die Vermischung festgestellt werden kann. Siebt man solche Mehle durch Müllergaze Nr. 7, so bleiben bis 20 % Kleie und Gries zurück, während die Type kaum 5 % Rückstand gibt.

Anhang.

1. **Speisebohnen und Futterbohnen.** Die Speisebohnen gehören der botanischen Gattung Phaseolus an, die Futterbohnen der Gattung Vicia. Beide gedeihen bei uns in zahlreichen Spielarten, die alle gleichermafsen als Nahrungsmittel für Menschen Verwendung finden. Auch Vicia (die Pferdebohne, Futterbohne) wird ebenso verwendet. Ihre Samen sind gegenüber der Speisebohne (Phaseolus) etwas länglich zusammengedrückt. Eine kleinere Spielart von Vicia mit fast walzigem Samen, wird speziell als Pferde- und Schweinefutter verwandt. Alle Bohnenvarietäten geben vielfarbige Samen.

2. **Zucker- und Runkelrüben.** Die beiden technisch verschiedenen Rüben sind botanische Varietäten ein und derselben Art der Beta vulgaris.

Die weifse, rote und gelbe Runkelrübe findet als Viehfutter Verwendung. Die geringelte, gelbe Runkelrübe und die Zuckerrübe (Beta vulgaris var. altissima) dienen zur Zuckerfabrikation. Sie lassen sich nur nach der Faser, der Farbe, der Wurzeln sowie dem Zuckergehalt unterscheiden. Eine kurze, einwandfreie Methode zur Unterscheidung gibt es nicht. Auch durch die Samen lassen sie sich nicht unterscheiden.

3. **Rübsamen und Raps.** Zur Ölgewinnung werden gebaut: Brassica napus oleïfera = Reps, Raps oder Kohlraps und Brassica rapa oleïfera = Rübsamen, Rübsen, Rübenraps. In den Samen unterscheiden sich beide Arten nicht, wohl aber in den grünen Stengelblättern. Der als Saatgut und der zur Ölgewinnung verwandte Samen zeigt praktisch keine Unterschiede.

4. **Hefe.** Betrachtet man Hefe unter dem Mikroskop, so sieht man, dafs dieselbe aus einer Unzahl von einzelnen kleinen,

meist ovalen Zellen besteht (Fig. 123). Diese Zellen tragen oft eiförmige Ausstülpungen; oft hängen sie auch verzweigt kettenförmig aneinander (siehe Fig.). Jedes einzelne dieser ovalen Körperchen stellt eine einzige, ganze Hefenpflanze dar. Man unterscheidet an jeder Zelle den Zellinhalt (das Protoplasma), den Vakuolensaft und die Zellhaut. Jede einzelne Zelle ist befähigt, alkoholisehe Gärung auszuüben. Hefe färbt sich mit Jodjodkaliumlösung gelb bis braun. Näher auf die Anatomie und Physiologie der Hefe einzugehen, würde hier zu weit führen. Die Hefe wird, wie bekannt, in der Brauerei, Brennerei, Prefshefefabrikation, Weingärung, Bäckerei usw. usw. verwandt. Sie kommt in dünnflüssigem Zustand von gelbbrauner Farbe in gut verschlossenen, zu zwei Dritteln gefüllten Flaschen oder Blechkannen in den Handel. Glasflaschen sind mit Vorsicht zu behandeln, da in den Flaschen stets ein erheblicher Kohlensäuredruck herrscht, so dafs im Sommer manchmal bei unvorsichtiger Handhabung die Flaschen springen. Die Prefshefe kommt in rechteckige Pakete geprefst als trockene, gelbweifse Masse in den Handel, die begierig Feuchtigkeit anzieht und dünnflüssig wird.

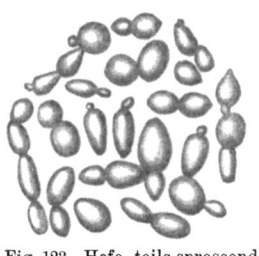

Fig. 123. Hefe, teils sprossend (nach Hager-Mez).

Alphabetisches Sachregister.

Absprengen von Glas 28.
Acacia Farnesia 157.
Aequivalentgewicht 39.
Aether 90.
Agave americana 116.
Agave rigida 116.
Agavefasern 116.
Aleuronkörper 100.
Alfa 118.
Algae vitrariorum 138.
Alizarin, künstliches 158.
Alizarin, natürliches 158.
Alkohol 90.
Alkohol-Aethergemisch 90.
Alkoholometer 48.
Aloë 116.
Alpacca 149.
Ammoniak 90.
Ammoniak, Nachweis 72.
Analysator 82.
Analyse, qualitative 63.
Analytische Wage 30.
Angolaholz 155.
Angoraziege 149.
Anilinchlorid 92.
Anilinsulfat 92.
Apocyneen 111.
Appretur 171.
Aräometer nach Beaumé 48.
Aräometer nach Beck 48.
Aräometer nach Cartier 48.
Arzneimittel 156.
Asbest 153.
Asbestdrahtnetz 20.
Asbestplatte 20.
Asclepiadeen 111.
Attalea funifera 119.
Auflösen 4.
Aufschliefsen 5.
Ausäthern 16.

Aussalzen 17.
Auswaschen von Niederschlägen 7.
Ausziehen von Glasröhren 28.
Axe, optische 81.
Azolithminpapier 92.

Bambusfaser 134.
Bananen 115.
Bastfaser 102, 104.
Baststränge 104.
Bassine 120.
Bastose 131.
Baumwolle, amerikanische 107.
Baumwolle, indische 107.
Baumwolle, Sea-Island 107.
Baumwolle, Upland 107.
Baumwollenfaser 107.
Baumwollenhaare, Länge 108.
Baumwollenhaare, reife 110.
Baumwollenhaare, unreife 110.
Baumwollensamen 108.
Baumwollensorte 108.
Baumwollensträucher 107.
Becherglas 20.
Beleuchtungsapparat nach Abbé 82.
Benzopurpurin 93.
Beta vulgaris 183.
Beta vulgaris v. altissima 183.
Biegen von Glasröhren 28.
Bild, Einstellung des 96, 85.
Bildkonstruktion 81.
Birotation 54.
Bitterholz 156.
Blauholz 155.
Bleichmittel 92.
Blendenapparat 80.
Blendenträger 80.
Bleioxyd 92.
Blutholz 155.
Boehmeria nivea forma indica 127.

Alphabetisches Sachregister.

Boehmeria nivea forma chinensis 127.
Bombaceen 112.
Bombax Ceïba 113.
Bombax heptaphyllos 113.
Bombax malabaricum 113.
Bombaxwolle 112.
Bombyx mori 140.
Borassus-Piassave 120.
Bourrettseide 140.
Brandlöschen 30.
Brandwunden 30.
Brasilholz 155.
Brasilin 156.
Brassica napus oleïfera 183.
Brassica rapa oleïfera 183.
Brechen des Flachses 121.
Brennessel 130.
Brennhaare 127.
Brennprobe 170.
Brennweite 81.
Brucinsulfat 92
Büchnerscher Trichter 8.
Bunsenbrenner 22.
Büretten 36.

Cambium 102.
Campecheholz 155.
Canadabalsam 98.
Cannabis sativa 124.
Carbonisation 106.
Cedernholz 156.
Cedrela odorata 156.
Cedrus-Arten 156.
Celluloïd 106.
Cellulose 105.
Chardonnet 151.
Chinagras 126.
Chinarohseide, Verhalten 142.
Chlorophyllkörper 100.
Chlorzinkjodlösung 90.
Chlorzinklösung 90.
Chromatophoren 99.
Chromoplasten 100.
Chromsäure 90.
Cocon, männlicher 140.
Cocon, weiblicher 140.
Cocosfaser 114.
Cocos nucifera 114.
Coir 114.
Collenchym 100.
Collodium 106.
Coniferen 137.
Corchorus capsularis 130.
Coromandelebenholz 158.

Cosmosfaser 152.
Cotonisieren 127.
Crotolaria juncea 126.
Cupressus 156.
Curcumapapier 92.
Curcumaprobe 92.
Cuticula 108.
Cyperaceen 138.

Dampfröste 132.
Dauerpräparate, Anfertigung 98.
Deckgläser 87.
Dekantieren 6.
Densimeter 48.
Destillation, fraktionierte 12.
Destillation, gewöhnliche 10.
Destillation, im Vakuum 11.
Destillation, mit Wasserdampf 13.
Dickenwachstum 102.
Dikotyledonen 102.
Diospyros 158.
Diphenylaminsulfat 92.
Doppelbrechung des Lichtes 82.
Drahtnetz 20.
Dreifufs 20.
Dreschlein 121.
Druckschlauch 8.
Drüsen 139.

Eau de Javelle 91.
Ebenhölzer 157.
Ebenholz, grün 158.
Ebenholz, rot 158.
Ebenholz, schwarz 157.
Ebenholz, weifs 158.
Einstellung des Präparates für gewöhnliche Untersuchungen 96.
Einstellung des Präparates für Mikrophotographie 85.
Einstellung, feine, des Präparates 96.
Einstellung, grobe, des Präparates, 96.
Eisenholz 157.
Entfärbung der Fasern 168.
Entfärbung mit Bleiessig 18.
Entfärbung mit Tierkohle 17.
Entfetten der Haare 151.
Epidermis 98.
Epidermishaare des Hanfes 125.
Erica arborea 157.
Ericaholz 157.
Eriodendron anfractuosum 113.
Eriophorum 134
Erlenmeyerkölbchen 20.

Erstarrungspunkt von Fetten 56.
Esparto 118.
Espartohalme 118.
Essig, Titration 43.
Eucalyptushölzer 157.
Exsiccator 20.
Extraktwage 48.

Fagaraseide 144.
Fällen 6.
Färberwaïd 158.
Farbhölzer 154.
Farbpflanzen 158.
Farbstoffe 92.
Farne 113.
Fasern, animalische 104, 139.
Fasernetz 138.
Fasern, künstliche 151.
Fasern, mineralische 105, 153.
Fasern, natürliche 103, 105.
Fasern, vegetabilische 103, 105.
Faſstalg, Nachweis von Stärke in 58.
Federn 145.
Fehlingsche Lösung 91. 58.
Fernambukholz 155.
Festigkeitszunahme 111.
Fettmischung 93.
Fiber 117.
Fibrillen 142.
Fibris 117.
Fibroin 142.
Fieberheilbaum 157.
Filter, Falten- 7.
Filter, glatte 7.
Filtrieren 7.
Filtriergestell 20.
Filzfähigkeit 146.
Flachs 121.
Flammenfärbungen 64.
Fleckigwerden der Seide 142.
Florettseide 140.
Fournierholz 156.
Fraktionen 12.
Führung 80.
Führungshülse am Mikroskop 80.
Futterbohne 183.
Futtermittel, Untersuchung 183.

Gambiamahagoni 156.
Gambohanf 126.
Gaze 111, 144.
Gefäſsbündel 101.
Gefäſse 101.
Gelbholz, echtes 155.
Gemischte Röste 121.

Gerberwolle 145.
Gerste 174.
Gerstenspelzen 180.
Gerstenstärke 174.
Gerstenstroh 135.
Gespinst 139.
Gespinstfaser 103.
Gewebe 100.
Gewichtssatz 23.
Glanzstoff 152.
Glas, biegen 28.
Glas, schneiden 28.
Glasgeräte 88.
Glasstäbe 28.
Glaswolle 153.
Glockenblende 80.
Glühen von Niederschlägen 9.
Glycerinschwefelsäure 92.
Glycerinwasser 89.
Goldfaden, cyprischer 153.
Gossypium 107.
Gramineen 138.
Grannenhaare 145.
Grège 140.
Groſsvieh 150.
Grundgewebe 101.
Gummibaum 157.
Gummikappen für Glasstäbe 20.

Haarbälge 147.
Haare 145.
Haarpelz 145.
Hafer 179.
Haferspelzen 178.
Haferstärke 174.
Haferstroh 135.
Handwage 23.
Hanf, männlicher 124.
Hanf, weiblicher, 124.
Hasenhaare 150.
Hauptschnitte der Pflanzen 94.
Hautgewebe 101.
Hautwolle 145.
Hecheln der Fasern 121.
Hefe 184.
Heiſswassertrichter 8.
Hexanitrocellulose 106.
Hibiscus cannabinus 126.
Holundermark 95.
Holzbildung 102.
Holzcellulose 136.
Hölzer 154.
Holzfaser 136.
Holzschliff 136.
Holzstoff 136.

Alphabetisches Sachregister.

Holzstoffreaktionen 92.
Horn 145.
Hornlöffel 23.
Hülfsapparate 83.
Hydrocellulose 105.

Indigo 158.
Indigo indigofera 158.
Indigo tinctoria 158.
Indikatoren 42.
Instrumente 83
Inulin 174.
Inversion von Rohrzucker 60.
Irisblende 80.
Isatis tinctoria 158.

Jodlösungen 90.
Jodschwefelsäure 90.
Juniperus 156.
Jute 130.
Jutereaktion 131.

Kälberhaare 150.
Kaliaturholz 155.
Kalilaugen 90.
Kaliprobe 170.
Kalkspatprismen 82.
Kaltwasserröste 121.
Kameelhaare 150.
Kaninchenhaare 150.
Kapok 113.
Kaschmirwolle 149.
Keratin 148.
Kerzenflamme 29.
Kieselgur 18.
Kitt, Nachweis von Fett in 61.
Kitt, Nachweis von Zucker in 61.
Klanglein 121.
Kleber 171.
Kleberschicht 171.
Kleie 177.
Klopfen der Fasern 122.
Knistern der Seide 141.
Knoten 123.
Kochen von Flüssigkeiten 29.
Kochkolben 20.
Kohlraps 183.
Kongorot 93.
Königswasser 5.
Konus, aus Platin 8.
Konus, aus Porzellan 8.
Kork 138.
Korkbohrer 23.
Korkpresse 23.
Korkzellen 138.

Krachen der Seide 141.
Krapp 158.
Kristallisieren 13.
Kuhhaare 150.
Kühler, nach Liebig 22.
Kürbis 138.
Kunstwolle 152.
Kupferglycerinlösung, alkalisch 91.
Kupferoxydammoniak 90.
Kurzstapelig 107.

Lackmuspapier 43, 92.
Lackmustinktur 43.
Längsrisse der Fasern 125.
Langstapelig 107.
Laubhölzer 137.
Laugen, Aufbewahrung 25.
Lausigwerden der Seide 142.
Lein 121.
Leinsamen, Hektolitergewicht 121.
Leukoplasten 100.
Lichtstärke 80.
Lichtzufuhr, Regulierung 80.
Liebigscher Kühler 22.
Ligninreaktion 92.
Lindenbast 132.
Lindenholz 132.
Lilien 118.
Linosoie 128.
Linum usitatissimum 121.
Linsen 81.
Linsensystem 81.
Lint 107.
Lintbaumwolle 107.
Lösungsmittel 4.
Luffa 138.
Luffa cylindrica 138.
Luffaschwämme 138.
Lumen 108.

Macerationsgemisch n. Schulze 91.
Magnet 10.
Mahagoni 156.
Maisstroh 135.
Malachitgrün 92.
Malven 107.
Manilahanf 115.
Markschicht 146.
Maskenlack 98.
Mafsanalyse 33.
Maulbeerspinner 140.
Mehl 173.
Mehlkörper 173.
Meniskus 38.
Merinowolle 146.

Alphabetisches Sachregister.

Mefsgefäfse 38.
Messungen, mikroskopische 83.
Methoden z. Trennung d. Fasern 160.
Metallfäden 153.
Methylenblau 92.
Methylorange 43.
Mikrometer 83.
Mikrometerschraube 80.
Mikrometerwerte 83.
Mikron 83.
Mikrophotographischer Apparat 88.
Mikroskop, Beschreibung 79.
Millons Reagens 91.
Mohair 149.
Monokotyledonen 102.
Mungo 152.
Mürbewerden der Gewebe 106.
Musa-Arten 115.
Mutterwolle 145.

Nachzeichnen der Bilder 84.
Nadelholz 137.
Natroncellulose 137.
Natronlauge 90.
Nebenapparate, mikroskopische 83.
Nessel, deutsche 130.
Nessel, weifse chinesische 126.
Nesselfaser 130.
Nesselgarn 130.
Nesseltuch 130.
Nefslers Reagens 91.
Neuseeländischer Flachs 117.
Nickeloxydulammoniak 91.
Nicolsche Prismen 53, 82.
Nitrate der Hydrocellulose 106.
Nitrocellulosen 106.
Normalkalilauge 41.
Normallösungen 39.
Normaloxalsäure 42.
Normalschwefelsäure 42.
Nutzhölzer 154.

Objekte, Anfertigung 94.
Objekte, Einstellung 96.
Objektive 82.
Objektivlinsen 82.
Objektivmikrometer 83.
Objekttisch, drehbar 80.
Objekttisch, gewöhnlich 80.
Objektträger, ausgehöhlte 86.
Objektträger, gewöhnliche 86.
Ochsenhaare 151.
Okular 80.
Okularlinsen 80.
Okularmikrometer 83.

Ölimmersion 86.
Ölimmersionssysteme 82.
Ölprobe 171.
Orgazin 140.
Oxycellulose 106.

Paina limpa 113.
Pakoe-Kidang 114.
Palisanderholz 156.
Pandanusfaser 120.
Pandanus odoratissimus 120.
Pandanus utilis 120.
Papierfabrikation 134.
Papierfaser 134.
Parenchym 100.
Pectingärung 122.
Pekar 181.
Pekarisieren 181.
Pennawar-Djambi 114.
Pergament, vegetabilisches 106.
Pflanzendunen 113.
Pflanzenschleim 99.
Pflanzenschnitte 94.
Pferdebohnen 183.
Pferdehaare 150.
Pharmazeutische Hölzer 156.
Phaseolus 183.
Phenolphthaleïn 42.
Phloroglucinsalzsäure 92.
Phormium tenax 117.
Physocalymma scaberrimum 157.
Piassave, afrikanische 119.
Piassave, brasilianische 119.
Picrasma excelsa 156.
Pipetten 34.
Pite 116.
Plasma 99.
Platinblech 88.
Platindrähte 88.
Platingefäfse 21.
Platingefäfse, Reinigen der 26.
Platintiegel 21.
Plüsch 111.
Polarisation 53.
Polarisator 82.
Polarisationserscheinungen 83.
Polarisationsmikroskop 82.
Polarisiertes Licht 82.
Porzellangeräte 89.
Präparate, Anfertigung 94.
Präparate, Aufhellung 95.
Präpariernadeln 87.
Prosenchym 100.
Protoplasma 99.
Prozentaräometer 48.

Prüfung des Mehls 181.
Pulu 114.
Purpurin 158.
Pyknometer 51.

Qualitative Analyse 63.
Quassia amara 156.
Quassiaholz, echtes 156.
Querspalten 125.
Querzellen des Roggens 177. 178.
Querzellen des Weizens 181.
Quetschhahnbürette 36.

Ramie, cotonisierte 127.
Ramie, grüne 127.
Raphia vinifera 119.
Raps 183.
Rasiermesser 87.
Räuchermittel 155.
Raufen des Flachses 121.
Reagentien 89.
Reagenzglas 19.
Reagenzglashalter 19.
Reagenzglas-Reinigung 26.
Reduktionsmittel 92.
Refraktometer 52.
Reibschale 22.
Reinhanf 124.
Reinigung der Glasgefäfse 26.
Reinigung der Hände 27.
Reisbesen 138.
Reisstroh 135.
Reiswurzel 138.
Reps 183.
Revolvereinrichtung 80.
Rhea 127.
Riffeln 121.
Rindenschicht 146.
Ringgefäfse 137.
Roggen 176.
Roggenmehl, Nachweis 180.
Roggenstroh 135.
Rohseide 140.
Rohrzucker, Inversion von 60.
Rosenholz, brasilianisches 157.
Rosenmark 95.
Rofshaar, vegetabilisches 120.
Röstprozesse 121.
Rothölzer, westindische 155.
Rubiaceen 158.
Rübsen 183.
Rübenraps 183.
Runkelrübensamen 183.

Salpetersäure 90.
Salzsäure 90.
Salzsaures Anilin 92.
Samen der Baumwolle 107.
Samenhaare 107.
Samenkapsel 107.
Samenschale 107.
Samenwolle 107.
Samt 111.
Sandelholz, afrikanisches 155.
Sandelholz, gelbes 154.
Sandelholz, ostafrikanisches 155.
Sandelholz, rotes 155.
Sandelholz, weifses 154.
Sandelöl 155.
Sansevierafaser 118.
Saugflasche 8.
Saugpumpe 8.
Säureaufbewahrung 25.
Säureflecken 25.
Scheidetrichter 16.
Schinopsis Balansae 157.
Schiefsbaumwolle 106.
Schlackenwolle 153.
Schlämmen 10.
Schlammröste 122.
Schliefslein 121.
Schmelzpunktbestimmung 14.
Schmetterlinge 139.
Schmiermittel, Nachweis von Fett in 61.
Schmiermittel, Nachweis von Zucker in 61.
Schneiden von Glas 28.
Schurwolle 145.
Schwarzröste 122.
Schwefelsäure 89.
Schwefelsaures Anilin 92.
Schwefelsäureprobe 170.
Schwingen des Flachses 122.
Sea-Island-Baumwolle 107.
Secretabsonderungen 139.
Seegras 138.
Seeseide 145.
Seide, echte 139.
Seide, Entschälen 142.
Seide, künstliche 153.
Seide, natürliche 139.
Seide, quantitative Trennung 143.
Seide, wilde 144.
Seidenfaden 139.
Seidenhüte 150.
Seidenleim 142.
Seidenspinner, exotische 144.
Seidensubstanz 142.

Alphabetisches Sachregister. 191

Seidenwolle 149.
Senkwage 46.
Sericin 142.
Shoddy 152.
Siebröhren 101.
Siedefaden 12.
Siedesteinchen 12.
Siedeverzug 29.
Silk-cotton-tree 113.
Sisalhanf 117.
Skalenaräometer 48.
Skalpell 87.
Sklerenchym 100.
Sodalösung 90.
Sonnenröste 118.
Sorghum-Arten 138.
Sparto 118.
Speisebohnen 183.
Spezifisches Gewicht 46.
Spiegel am Mikroskop 80.
Spindel, nach Balling 47.
Spindel, nach Brix 47.
Spindel, nach Gay-Lussac 47.
Spinndrüse 139.
Spiralgefäfse 101.
Springlein 121.
Spritzflasche 21.
Stärkebildner 99.
Stärke der Objektive 82.
Stärke der Okulare 82.
Stärke in Fafstalg 58.
Stärkekörner 173.
Steinzellen 101.
Stengelhaare 113.
Stichelhaare 145.
Stickstoffgehalt der Tierfasern 166.
Stickstoffnachweis 92.
Stipa tenacissima 118.
Stockflecken 147.
Stopfen, festgekittete 25.
Strahlengang 81.
Streichriemen 87.
Strohfaser 135.
Strohzellstoff 136.
Sublimieren 14.
Sulfitcellulose 137.
Sunn 126.
Swietenia Mahagoni 156.

Tabellen 162.
Tauröste 121.
Teclubrenner 22.
Thermometer 12.
Thuja 156.
Tillandsiafaser 120.

Tillandsia usneoïdes 120.
Tiegelzange 21.
Tierkohle 17.
Tilia-Arten 132.
Tintenholz 158.
Titer 33.
Titration 43.
Tondreieck 23.
Torffaser 134.
Torfmoose 134.
Tracheïden 102.
Trame 142.
Trennungsmethoden der Fasern 160.
Treppengefäfse 101.
Trichter, nach Büchner 8.
Trichter, Heifswasser- 8.
Trockenschrank 22.
Trocknen der Gefäfse 27.
Tropfgläser 88.
Tüpfel 136.
Tüpfel, gehöfte 137.
Tüpfelkanäle 136.
Tussahseide, echte 144.
Tussahseide, falsche 144.

Uhrgläser 20.
Upland-Baumwolle 107.
Urtica dioica 130.

Vakuolen 184.
Vakuoleninhalt 184.
Vergröfserung 82.
Verkürzung der Fasern 110.
Verschiebungen 123.
Vicia 183.
Vicuña 149.
Vigogne 149.
Vlies 145.
Volumeter nach Balling 47.
Volumeter nach Brix 47.
Volumeter nach Gay-Lussac 47.

Wägen auf der analytischen Wage 31.
Waid 158.
Waidkultur 158.
Waidküpe 158.
Waldwolle 137.
Walken der Tuche 147.
Warmwasserröste 122.
Wasserbad 21.
Wasserstrahlpumpe 8.
Weizen 178.
Weizenstroh 135.
Werg 124.

Westphalsche Wage 49.
Wildsches Polaristrobometer 55.
Wollbäume 112.
Wolle 145.
Wollfasern 145.
Wollfett 145.
Wollgras 134.
Wollhaare 145.
Wollschweifs 145.
Wurzelhaare 113.

Xanthoproteïnsäure 143.

Yuccafaser 134.

Zeichenapparat 84.
Zellformen 100.
Zellgewebe 100.
Zellhaut 99.
Zellkern 99.
Ziegenwolle 149.
Zinkchlorid 90.
Zostera marina 138.
Zucker, Nachweis in Schmiermitteln 61.
Zuckerrübensamen 183.
Zucker, Titration mit Fehlingscher Lösung 58.